心一堂術數古籍珍本叢刊

書名：《火珠林》二種
系列：心一堂術數古籍珍本叢刊 占筮類 第三輯 241
作者：傳【唐】麻衣道者
主編、責任編輯：陳劍聰
心一堂術數古籍珍本叢刊編校小組：陳劍聰 素聞 鄒偉才 虛白盧主 丁鑫華

出版：心一堂有限公司
通訊地址：香港九龍旺角彌敦道六一〇號荷李活商業中心十八樓〇五－〇六室
深港讀者服務中心‧中國深圳市羅湖區立新路六號羅湖商業大廈負一層〇〇八室
電話號碼：(852)9027-7110
網址：publish.sunyata.cc
電郵：sunyatabook@gmail.com
網店：http://book.sunyata.cc
淘寶店地址：https://sunyata.taobao.com
微店地址：https://weidian.com/s/1212826297
臉書：https://www.facebook.com/sunyatabook
讀者論壇：http://bbs.sunyata.cc/

版次：二零二一年四月初版

平裝

定價：港幣　一百五十元正
新台幣　五百九十八元正

國際書號：ISBN 978-988-8583-81-2

香港發行：香港聯合書刊物流有限公司
地址：香港新界荃灣德士古道二二〇－二四八號荃灣工業中心十六樓
電話號碼：(852)2150-2100
傳真號碼：(852)2407-3062
電郵：info@suplogistics.com.hk
網址：http://www.suplogistics.com.hk

台灣發行：秀威資訊科技股份有限公司
地址：台灣台北市內湖區瑞光路七十六巷六十五號一樓
電話號碼：+886-2-2796-3638
傳真號碼：+886-2-2796-1377
網絡書店：www.bodbooks.com.tw
台灣秀威書店讀者服務中心：
地址：台灣台北市中山區松江路二〇九號一樓
電話號碼：+886-2-2518-0207
傳真號碼：+886-2-2518-0778
網絡書店：http://www.govbooks.com.tw

中國大陸發行 零售：深圳心一堂文化傳播有限公司
深圳地址：深圳市羅湖區立新路六號羅湖商業大廈負一層〇〇八室
電話號碼：(86)0755-82224934

心一堂微店二維碼

心一堂淘寶店二維碼

心一堂術數古籍 珍本 整理 叢刊 總序

術數定義

術數，大概可謂以「推算（推演）、預測人（個人、群體、國家等）、事、物、自然現象、時間、空間方位等規律及氣數，並或通過種種『方術』，從而達致趨吉避凶或某種特定目的」之知識體系和方法。

術數類別

我國術數的內容類別，歷代不盡相同，例如《漢書・藝文志》中載，漢代術數有六類：天文、曆譜、五行、蓍龜、雜占、形法。至清代《四庫全書》，術數類則有：數學、占候、相宅相墓、占卜、命書、相書、陰陽五行、雜技術等，其他如《後漢書・方術部》、《藝文類聚・方術部》、《太平御覽・方術部》等，對於術數的分類，皆有差異。古代多把天文、曆譜、及部分數學均歸入術數類，而民間流行亦視傳統醫學作為術數的一環；此外，有些術數與宗教中的方術亦往往難以分開。現代民間則常將各種術數歸納為五大類別：命、卜、相、醫、山，通稱「五術」。

本叢刊在《四庫全書》的分類基礎上，將術數分為九大類別：占筮、星命、相術、堪輿、選擇、三式、讖諱、理數（陰陽五行）、雜術（其他）。而未收天文、曆譜、算術、宗教方術、醫學。

術數思想與發展——從術到學，乃至合道

我國術數是由上古的占星、卜筮、形法等術發展下來的。其中卜筮之術，是歷經夏商周三代而通過「龜卜、蓍筮」得出卜（筮）辭的一種預測（吉凶成敗）術，之後歸納並結集成書，此即現傳之《易

經》。經過春秋戰國至秦漢之際，受到當時諸子百家的影響、儒家的推崇，遂有《易傳》等的出現，原本是卜筮術書的《易經》，被提升及解讀成有包涵「天地之道（理）」之學。因此，《易・繫辭傳》曰：「易與天地準，故能彌綸天地之道。」

漢代以後，易學中的陰陽學說，與五行、九宮、干支、氣運、災變、律曆、卦氣、讖緯、天人感應說等相結合，形成易學中象數系統。而其他原與《易經》本來沒有關係的術數，如占星、形法、選擇，亦漸漸以易理（象數學說）為依歸。《四庫全書・易類小序》云：「術數之興，多在秦漢以後。要其旨，不出乎陰陽五行，生尅制化。實皆《易》之支派，傳以雜說耳。」至此，術數可謂已由「術」發展成「學」。

及至宋代，術數理論與理學中的河圖洛書、太極圖、邵雍先天之學及皇極經世等學說給合，通過術數以演繹理學中「天地中有一太極，萬物中各有一太極」（《朱子語類》）的思想。術數理論不單已發展至十分成熟，而且也從其學理中衍生一些新的方法或理論，如《梅花易數》、《河洛理數》等。

在傳統上，術數功能往往不止於僅僅作為趨吉避凶的方術，及「能彌綸天地之道」的學問，亦有其「修心養性」的功能，「與道合一」（修道）的內涵。《素問・上古天真論》：「上古之人，其知道者，法於陰陽，和於術數。」數之意義，不單是外在的算數、歷數、氣數，而是與理學中同等的「道」、「理」--心性的功能，北宋理氣家邵雍對此多有發揮：「聖人之心，是亦數也」、「萬化萬事生乎心」、「心為太極」。《觀物外篇》：「先天之學，心法也。……蓋天地萬物之理，盡在其中矣，心一而不分，則能應萬物。」反過來說，宋代的術數理論，受到當時理學、佛道及宋易影響，認為心性本質上是等同天地之太極。天地萬物氣數規律，能通過內觀自心而有所感知，即是內心也已具備有術數的推演及預測、感知能力；相傳是邵雍所創之《梅花易數》，便是在這樣的背景下誕生。

《易・文言傳》已有「積善之家，必有餘慶；積不善之家，必有餘殃」之說，至漢代流行的災變說及讖緯說，我國數千年來都認為天災，異常天象（自然現象），皆與一國或一地的施政者失德有關；下至家族、個人之盛衰，也都與一族一人之德行修養有關。因此，我國術數中除了吉凶盛衰理數之外，人心的德行修養，也是趨吉避凶的一個關鍵因素。

術數與宗教、修道

在這種思想之下，我國術數不單只是附屬於巫術或宗教行為的方術，又往往是一種宗教的修煉手段--通過術數，以知陰陽，乃至合陰陽（道）。「其知道者，法於陰陽，和於術數。」例如，「奇門遁甲」術中，即分為「術奇門」與「法奇門」兩大類。「法奇門」中有大量道教中符籙、手印、存想、內煉的內容，是道教內丹外法的一種重要外法修煉體系。甚至在雷法一系的修煉上，亦大量應用了術數內容。此外，相術、堪輿術中也有修煉望氣（氣的形狀、顏色）的方法；堪輿家除了選擇陰陽宅之吉凶外，也有道教中選擇適合修道環境（法、財、侶、地中的地）的方法，以至通過堪輿術觀察天地山川陰陽之氣，亦成為領悟陰陽金丹大道的一途。

易學體系以外的術數與的少數民族的術數

我國術數中，也有不用或不全用易理作為其理論依據的，如揚雄的《太玄》、司馬光的《潛虛》。也有一些占卜法、雜術不屬於《易經》系統，不過對後世影響較少而已。

外來宗教及少數民族中也有不少雖受漢文化影響（如陰陽、五行、二十八宿等學說。）但仍自成系統的術數，如古代的西夏、突厥、吐魯番等占卜及星占術，藏族中有多種藏傳佛教占卜術、苯教占卜術、擇吉術、推命術、相術等；北方少數民族有薩滿教占卜術；不少少數民族如水族、白族、布朗族、佤族、彝族、苗族等，皆有占雞（卦）草卜、雞蛋卜等術，納西族的占星術、占卜術，彝族畢摩的推命術、占卜術……等等，都是屬於《易經》體系以外的術數。相對上，外國傳入的術數以及其理論，對我國術數影響更大。

曆法、推步術與外來術數的影響

我國的術數與曆法的關係非常緊密。早期的術數中，很多是利用星宿或星宿組合的位置（如某星在某州或某宮某度）付予某種吉凶意義，并據之以推演，例如歲星（木星）、月將（某月太陽所躔之宮次）等。不過，由於不同的古代曆法推步的誤差及歲差的問題，若干年後，其術數所用之星辰的位置，已與真實星辰的位置不一樣了；此如歲星（木星），早期的曆法及術數以十二年為一周期（以應地支），與木星真實周期十一點八六年，每幾十年便錯一宮。後來術家又設一「太歲」的假想星體來解決，是歲星運行的相反，週期亦剛好是十二年。而術數中的神煞，很多即是根據太歲的位置而定。又如六壬術中的「月將」，原是立春節氣後太陽躔娵訾之次而稱作「登明亥將」，至宋代，因歲差的關係，要到雨水節氣後太陽才躔娵訾之次，當時沈括提出了修正，但明清時六壬術中「月將」仍然沿用宋代沈括修正的起法沒有再修正。

由於以真實星象周期的推步術是非常繁複，而且古代星象推步術本身亦有不少誤差，大多數術數除依曆書保留了太陽（節氣）、太陰（月相）的簡單宮次計算外，漸漸形成根據干支、日月等的各自起例，以起出其他具有不同含義的眾多假想星象及神煞系統。唐宋以後，我國絕大部分術數都主要沿用這一系統，也出現了不少完全脫離真實星象的術數，如《子平術》、《紫微斗數》、《鐵版神數》等。後來就連一些利用真實星辰位置的術數，如《七政四餘術》及選擇法中的《天星選擇》，也已與假想星象及神煞混合而使用了。

隨着古代外國曆（推步）、術數的傳入，如唐代傳入的印度曆法及術數，元代傳入的回回曆等，其中我國占星術便吸收了印度占星術中羅睺星、計都星等而形成四餘星，又通過阿拉伯占星術而吸收了其中來自希臘、巴比倫占星術的黃道十二宮、四大（四元素）學說（地、水、火、風），並與我國傳統的二十八宿、五行說、神煞系統並存而形成《七政四餘術》。此外，一些術數中的北斗星名，不用我國傳統的星名：天樞、天璇、天璣、天權、玉衡、開陽、搖光，而是使用來自印度梵文所譯的：貪狼、巨門、祿存、文曲，廉貞、武曲、破軍等，此明顯是受到唐代從印度傳入的曆法及占星術所影響。如星命術中的《紫微斗數》及堪輿術中的《撼龍經》等文獻中，其星皆用印度譯名。及至清初《時憲曆》，置閏之法則改用西法「定氣」。清代以後的術數，又作過不少的調整。

此外，我國相術中的面相術、手相術，唐宋之際受印度相術影響頗大，至民國初年，又通過翻譯歐西、日本的相術書籍而大量吸收歐西相術的內容，形成了現代我國坊間流行的新式相術。

陰陽學——術數在古代、官方管理及外國的影響

術數在古代社會中一直扮演着一個非常重要的角色，影響層面不單只是某一階層、某一職業、某一年齡的人，而是上自帝王，下至普通百姓，從出生到死亡，不論是生活上的小事如洗髮、出行等，大事如建房、入伙、出兵等，從個人、家族以至國家，從天文、氣象、地理到人事、軍事，從民俗、學術到宗教，都離不開術數的應用。我國最晚在唐代開始，已把以上術數之學，稱作陰陽（學），行術數者稱陰陽人。（敦煌文書、斯四三二七唐《師師漫語話》：「以下說陰陽人謾語話」，此說法後來傳入日本，今日本人稱行術數者為「陰陽師」）。一直到了清末，欽天監中負責陰陽術數的官員中，以及民間術數之士，仍名陰陽生。

古代政府的中欽天監（司天監），除了負責天文、曆法、輿地之外，亦精通其他如星占、選擇、堪輿等術數，除在皇室人員及朝庭中應用外，也定期頒行日書、修定術數，使民間對於天文、日曆用事吉凶及使用其他術數時，有所依從。

我國古代政府對官方及民間陰陽學及陰陽官員，從其內容、人員的選拔、培訓、認證、考核、律法監管等，都有制度。至明清兩代，其制度更為完善、嚴格。

宋代官學之中，課程中已有陰陽學及其考試的內容。（宋徽宗崇寧三年〔一一零四年〕崇寧算學令：「諸學生習……並曆算、三式、天文書。」「諸試……三式即射覆及預占三日陰陽風雨。天文即預

定一月或一季分野災祥，並以依經備草合問為通。」

金代司天臺，從民間「草澤人」（即民間習術數人士）考試選拔：「其試之制，以《宣明曆》試推步，及《婚書》、《地理新書》試合婚、安葬，並《易》筮法，六壬課、三命、五星之術。」（《金史》卷五十一・志第三十二・選舉一）

元代為進一步加強官方陰陽學對民間的影響、管理、控制及培育，除沿襲宋代、金代在司天監掌管陰陽學及中央的官學陰陽學課程之外，更在地方上增設陰陽學課程（《元史・選舉志一》：「世祖至元二十八年夏六月始置諸路陰陽學。」）地方上也設陰陽學教授員，培育及管轄地方陰陽人。（《元史・選舉志一》：「（元仁宗）延祐初，令陰陽人依儒醫例，於路、府、州設教授員，凡陰陽人皆管轄之，而上屬於太史焉。」）自此，民間的陰陽術士（陰陽人），被納入官方的管轄之下。

至明清兩代，陰陽學制度更為完善。中央欽天監掌管陰陽學，明代地方縣設陰陽學正術，各州設陰陽學典術，各縣設陰陽學訓術。陰陽人從地方陰陽學肄業或被選拔出來後，再送到欽天監考試。（《大明會典》卷二二三：「凡天下府州縣舉到陰陽人堪任正術等官者，俱從吏部送（欽天監），考中，送回選用；不中者發回原籍為民，原保官吏治罪。」）清代大致沿用明制，凡陰陽術數之流，悉歸中央欽天監及地方陰陽官員管理、培訓、認證。至今尚有「紹興府陰陽印」、「東光縣陰陽學記」等明代銅印，及某某縣某某之清代陰陽執照等傳世。

清代欽天監漏刻科對官員要求甚為嚴格。《大清會典》「國子監」規定：「凡算學之教，設肄業生。滿洲十有二人，蒙古、漢軍各六人，於各旗官學內考取。漢十有二人，於舉人、貢監生童內考取。附學生二十四人，由欽天監選送。教以天文演算法諸書，五年學業有成，舉人引見以欽天監博士用，貢監生童以天文生補用。」學生在官學肄業、貢監生肄業或考得舉人後，經過了五年對天文、算法、陰陽學的學習，其中精通陰陽術數者，會送往漏刻科。而在欽天監供職的官員，《大清會典則例》「欽天監」規定：「本監官生三年考核一次，術業精通者，保題升用。不及者，停其升轉，再加學習。如能黽勉供職，即予開復。仍不及者，降職一等，再令學習三年，能習熟者，准予開復，仍不能者，黜退。」除定期考核以定其升用降職外，《大清律例》中對陰陽術士不準確的推斷（妄言禍福）是要治罪的。《大清律例・一七八・術七・妄言禍福》：「凡陰陽術士，不許於大小文武官員之家妄言禍福，違者杖一百。其依經推算星命卜課，不在禁限。」大小文武官員延請的陰陽術士，自然是以欽天監漏刻科官員或地方陰陽官員為主。

官方陰陽學制度也影響鄰國如朝鮮、日本、越南等地，一直到了民國時期，鄰國仍然沿用着我國的多種術數。而我國的漢族術數，在古代甚至影響遍及西夏、突厥、吐蕃、阿拉伯、印度、東南亞諸國。

術數研究

術數在我國古代社會雖然影響深遠，「是傳統中國理念中的一門科學，從傳統的陰陽、五行、九宮、八卦、河圖、洛書等觀念作大自然的研究。……傳統中國的天文學、數學、煉丹術等，要到上世紀中葉始受世界學者肯定。可是，術數還未受到應得的注意。術數在傳統中國科技史、思想史，文化史、社會史，甚至軍事史都有一定的影響。……更進一步了解術數，我們將更能了解中國歷史的全貌。」（何丙郁《術數、天文與醫學中國科技史的新視野》，香港城市大學中國文化中心。）

可是術數至今一直不受正統學界所重視，加上術家藏秘自珍，又揚言天機不可洩漏，「(術數)乃吾國科學與哲學融貫而成一種學說，數千年來傳衍嬗變，或隱或現，全賴一二有心人為之繼續維繫，賴以不絕，其中確有學術上研究之價值，非徒癡人說夢，荒誕不經之謂也。其所以至今不能在科學中成立一種地位者，實有數因。蓋古代士大夫階級目醫卜星相為九流之學，多恥道之；而發明諸大師又故為惝恍迷離之辭，以待後人探索；間有一二賢者有所發明，亦秘莫如深，既恐洩天地之秘，復恐譏為旁門左道，始終不肯公開研究，成立一有系統說明之書籍，貽之後世。故居今日而欲研究此種學術，實一極困難之事。」（民國徐樂吾《子平真詮評註》，方重審序）

現存的術數古籍，除極少數是唐、宋、元的版本外，絕大多數是明、清兩代的版本。其內容也主要是明、清兩代流行的術數，唐宋或以前的術數及其書籍，大部分均已失傳，只能從史料記載、出土文獻、敦煌遺書中稍窺一鱗半爪。

術數版本

坊間術數古籍版本，大多是晚清書坊之翻刻本及民國書賈之重排本，其中豕亥魚魯，或任意增刪，往往文意全非，以至不能卒讀。現今不論是術數愛好者，還是民俗、史學、社會、文化、版本等學術研究者，要想得一常見術數書籍的善本、原版，已經非常困難，更遑論如稿本、鈔本、孤本等珍稀版本。在文獻不足及缺乏善本的情況下，要想對術數的源流、理法、及其影響，作全面深入的研究，幾不可能。

有見及此，本叢刊編校小組經多年努力及多方協助，在海內外搜羅了二十世紀六十年代以前漢文為主的術數類善本、珍本、鈔本、孤本、稿本、批校本等數百種，精選出其中最佳版本，分別輯入兩個系列：

一、心一堂術數古籍珍本叢刊

二、心一堂術數古籍整理叢刊

前者以最新數碼（數位）技術清理、修復珍本原本的版面，更正明顯的錯訛，部分善本更以原色彩色精印，務求更勝原本。并以每百多種珍本、一百二十冊為一輯，分輯出版，以饗讀者。

後者延請、稿約有關專家、學者，以善本、珍本等作底本，參以其他版本，古籍進行審定、校勘、注釋，務求打造一最善版本，方便現代人閱讀、理解、研究等之用。

限於編校小組的水平，版本選擇及考證、文字修正、提要內容等方面，恐有疏漏及舛誤之處，懇請方家不吝指正。

心一堂術數古籍 珍本 整理 叢刊編校小組

二零零九年七月序

二零一四年九月第三次修訂

火珠林　靈棊經

滴天髓　測字秘牒

百二漢鏡齋祕書四種

湖邊程氏開雕

火珠林

火珠林序

易以卜筮尙其占該括萬變神矣妙矣繼自四聖人後易卜以錢代蓍法後天八宮卦變以致用實補前人未備之一端見京房易傳未詳始自何人先賢云後天八宮卦變六十四卦即火珠林法則是書當爲錢卜所宗仰也特泒衍支分人爭著述炫奇標異原旨反晦今得麻衣道者鈔本反覆詳究其論六親財官輔助合世應日月飛伏動靜並克害刑合墓旺空冲以定斷與時傳易卜同中有異古法可參如所云卦定根源六親爲主爻究傍通五行而取

即京君明海底眼不離元宮五向推之旨也又云惟以財官伏五鄉而定吉凶以世下伏爻爲的即郭景純飛伏神以世爻爲準卦卦宜詳審之之訣也中間條解詳明圓機獨握蓋易貴通變尤貴究微是書絜淨精微眞易卜之正義也至神而明之存乎其人是在善於學易者古歙吳智臨序

火珠林

麻衣道者著　休陽程芝雲珊坪氏校

易中明義

四營成易　八卦爲體
三才變化　六爻爲義

訣云書有三而畢用卦皆八以爲經一曰連山二曰歸藏三曰周易自秦焚書坑儒連山歸藏不傳於世矣又云一曰治天下二曰論長生三曰卜吉凶夫三才者天干爲上能占九天之外日月星辰風雷雲雨陰晴之事地支爲中能占九地之上山川草木人倫吉凶否泰存亡之事納音

為下能占九泉之下幽冥虛無六道四生之事夫乾坤一
體各生三索而為六子六子配合而成八卦八卦上下變
通遂成六十四卦夫易本無八卦只有乾坤本無乾坤只
有太易易者在天為日月在地為陰陽在人為心目煉其
心而心自靈脩其目而目自見先達人事後數卦爻人事
變通卦爻自曉吉凶應驗歷歷不爽矣
或問何謂四營成易答曰易有太極是生兩儀兩儀生四
象四象生八卦所謂四營成易也　又問納音為下能占
九泉六道四生虛無等事答曰六十甲子生成變化而行

鬼神。是故天干管天爻，地支管人事，納音管地理。如乾初爻甲子動，占天爻主風，占人事主子孫、六畜、花木、酒饌、憂喜等事，占地理主穴中有石之類。如占葬地得姤之鼎卦，掘地五尺，土中有石，其色大赤，離穴四十步，西南近柳樹，當有伏屍，葬出刀傷之人，幷主火災。問曰：如何斷之？答曰：世持辛丑土，伏甲子金，世下伏金，是土中有石也。巽下伏乾，是乾爲大赤也。第五爻壬申化巳未火，火剋本宮爲鬼，是伏屍鬼。申化未，是西南方也。掘下五尺見石者，土類五也。離穴四十步有伏屍者，壬申金，金數四，加丑未土類五二五成十併申金四是四十步也出刀傷人者壬申乃劍鋒金也主火災者巳未化火来尅辛丑世也樹傍者巳未火鬼與壬午木合住壬午乃楊柳木也　又請占桌倒爲式答曰如遯之姤卦此卦是子孫鬼一男一女爲釵鐶物等事來沈滯男兒赤性燥女兒潔白性剛其墳墓現在西此恐有動犯告之則吉問曰何以知之曰二爻丙午火是鬼化辛亥水是子孫丙午納音屬水化辛亥又屬水卽二乾宮子孫故曰子孫鬼也一男丙午一女辛亥也火主赤金主白火燥金剛皆以五行之性言之也爲釵釧者辛

八卦者即根源也
傍通者乃飛神也

本宮在下爲伏
傍宮在上爲飛

亥乃水[illegible]金墓在酉比者火墓在戌叉火絶在亥
亥酉比也墓有犯者艮屬土化巽爲木木去剋土山

六親根源

卦定根源　六親爲主
爻究傍通　五行而取

訣云根源者八卦之宮主也而元有六親傍通者六爻之飛象也而上下相乘五行者金木水火土也而定四時六親者主宮也六爻父子兄弟妻財官鬼定一宮管八卦七卦皆從一宮出傍通者上下宮飛象六爻也蓋本宮在下爲伏之六親傍宮在上爲飛之六親如六壬課有天盤地

盤先看六親之下後看六親之上所乘得何爻而辨吉凶存亡也

六親兼身卦言之

或問六親為主父母兄弟妻財子孫官鬼止有五件而曰六親何也答曰卦身當一親曰如何為卦身曰陽世則從子月起陰世還當午月生此即卦身也而元龜以月卦言之所以吉凶不應曰卦身亦主甚吉凶曰如本卦世空則去看身豈為無用　又問何謂傍通曰本宮之六親爲飛象之下為之親爻為之伏神傍宮之飛象加伏神之上飛象親爻世下之爻為伏知飛伏二爻之來歷然後可

用官父輔
用財子輔
旺相有氣
休囚無氣

言入卦六親矣

財官輔助

財官異路　可辨五鄉
用有輔助　類可忖量

註云財者妻財官者官鬼是故至柔者財至剛者鬼而有輔體輔體者用官鬼以父母輔之用妻財以子孫輔之值旺相爲有氣休囚爲無氣得生扶爲吉剋破爲凶

春　寅卯木旺　巳午火相　亥子水休　申酉金囚
辰戌丑未土死

夏　巳午火旺　辰戌丑未土相　寅卯木休　亥子水

四　申酉金死

秋　申酉金旺　亥子水相　辰戌丑未土休　巳午火

四　寅卯木死

冬　亥子水旺　寅卯木相　申酉金休　辰戌丑未土

四　巳午火死

獨發亂動　獨發易取　亂動難尋

先看世應　後審淺深

註云亂動之法思之最難　一看世上傍爻生財旺相忌

應爻剋世　二看世下親爻財官喜靜　三看何爻最旺

爲用神如發動動來生世　四看獨發之爻旺相最急休囚事慢

公用宜官

官用　官鬼爲主　伏旺動生世者出現發動看變得何爻　父母爲輔　喜生現發動者

凡官鬼父母乘旺相俱動大吉

私用宜財

私用　妻財爲主　伏旺動生世者忌伏鬼下并出現發動　子孫爲輔　喜旺相發動者

凡財官乘旺相俱動公私兩用皆可成

或問世上傍爻生財旺相下面註云忌應動剋世不知剋

亂動之卦只取旺相生克吉凶責在此爻

世上何爻　又問忽有亂動卦世上與財官持世如何斷
答曰豈不見又言二看世下親爻財官喜靜蓋旁爻無財
官便去搜尋伏神之財官　又問既言世上財官是伏藏
者本靜何故言喜靜曰汝看誤矣世下親爻本靜或有沖
剋即非靜故曰喜靜蓋不欲亂動之爻去沖剋之也　又
問三看何爻最旺為用神而註云發動要生世何為用神
何為發動曰亂動之卦只取旺爻旺爻即用神也生剋吉
凶皆在此爻若伏藏安靜要旺相若發動却要生世之爻
為用神又不專泥旺相爻也　又問何謂伏旺生世者曰

占財子孫持世旺吉
占官父母持世旺吉

用此已分明人自不察耳伏爻要旺相動爻要生世官用取官私用取私如上篇却要輔助之爻動發時人併作一句讀之所以失其義也

世應相克　旁爻持世　旺相得地
應與動爻　不剋方是

占財　子孫旺相　妻財持世
占官　父母旺相　官鬼持世

已上皆可許忌應爻動爻剋之

世爻乃我家情由　應爻為彼之事理

或問應與動爻不剋方是竟不知剋甚爻答曰汝道不知剋甚爻不剋輔爻耳　又問忌動爻應爻墓剋之如何曰占財要財爻持世占官要官爻持世若應爻是世之墓動爻是世之墓皆不中矣墓是自墓剋是自剋

公用官爻私用財子括盡奧妙用而最捷只分陰陽不爲輔用

陰陽男女　次第推排

公私用事　官用取官　私用取財

占病鬼祟　占失看賊　占求官事　占官詞訴　占婚

問夫　已上皆看官爻

占買賣財　占家宅事　占婚姻事　占求財事　占

姻事　已上皆看財爻

或問言公私用事止言財官而不及父子兄弟何也荅曰天下之事散而言之紛若物色總而言之不出財官二字占官必用父母占財必用子孫兄弟是破財之人不爲主不爲輔何必看也

凡卜筮者但用心於財官則括天下之理此法簡而最捷若分支劈脉瑣碎求之則萬物紛然無以折衷用心多功力少元龜六神之類是也故吾捷法惟以財官伏五鄉而定吉凶自然神妙

出現旺相
久遠
伏藏有氣
暫時

出現伏藏

出現旺相　爲久爲遠
伏藏有氣　只利暫時

出現爲重疊爲再用爲兩事財官兩事出現旺相可宜久遠若持世忌動　伏藏旺相更看日辰透出或伏世下可取雖成只利暫時不能久遠也

或問出現爲重疊爲再用爲兩事何也答曰且如乾卦爲主後七卦皆從乾卦中來其出現財是伏藏中而又出現也豈是重疊乎故取占事爲再用爲兩事　又問伏藏有氣只利暫時答曰本宮財官伏世下方可取不伏世下則

不取也旁爻財官非也必要細看不可忽

財伏鬼鄉　買賣遭傷

占財伏鬼

日辰福德　方始榮昌

此論妻財伏鬼鄉斷

財爻伏官鬼之下乃財爻泄鬼無氣須是子孫旺相透出日辰或持世上方有蓋子孫能尅官鬼也

財去生官財爻泄氣日辰子孫尅官生財

或問兄弟能尅財官鬼不傷財官鬼尅兄弟何故買賣遭傷答曰不曉其理則斷卦不靈財伏鬼鄉財則去生官財爻泄氣況用財以子孫爲輔官鬼生爻爻去尅子財爻內外受傷故買賣不能獲利反能傷財若日辰是子孫子能

生財剋去官鬼日辰　是財財能剋父使得出現亦有財也

占財伏兄　　用財伏兄　　口舌相侵

若在世下　　旺相可成

財伏兄弟之下本無氣無財却喜財爻旺相貼世下透出值日辰方有

或問用財伏兄口舌相侵奚緣何在世下又旺相可成答曰財伏在兄弟爻下是財被他人把住故生口舌若伏世下世持兄弟我去剋財財又旺相豈得不成乎

世持兄弟
我去剋財
財旺必得

財伏父子　　財伏父母　　旺相得半

父能克子
子不生財
子能生財
旺相亦滿

財伏子孫　有氣必滿

財爻旺相伏父母爻下求　財有一半　財伏子孫之下世應不剋終是有財　若子孫旺父母爻持世應亦不能剋子孫求財亦有

或問財伏父母旺相得半不審何故符曰用財須子能輔財財伏父下則子不能生　財矣止有本等財故曰一半

又問財伏子孫世應不剋久必有財是不剋何爻日不剋子孫爻也故下云若子孫　旺相縱父母持世應亦不能剋子孫求財亦有也

此論官鬼伏六親斷

占鬼伏兄

用鬼伏兄　同類欺淩
若不虛詐　人不一心

官鬼伏兄之下為同類欺淩不忠若官鬼旺相喜持世透出日辰吉

或問用鬼伏兄答曰兄為虛詐為口舌又與同類為劫財占官事而鬼伏兄主同類欺淩官府多詐吏貼賺錢所謀之事到底脫空若旁爻官鬼旺相持世日辰是官鬼方可用蓋官鬼能剋兄也

占鬼伏財

鬼伏財鄉　因財有傷

官伏財下
[redacted]兄文書
官伏財世
日父可用

官吏阻節　　獨發乖張

鬼伏財下因財不吉官吏阻節須是官鬼旺相伏世下或與父爻俱透出直日辰方許又忌獨發

或問財能生官何故因財有傷答曰財固生官但用官爲主必用輔之父母爲文書官伏財下財去剋了文書主官人要錢文書有阻　若官爻伏財是世下或父母透出直日辰如此可用若父母持世獨發則重疊艱辛事不濟矣

官伏父母

鬼伏父母　舉狀經官
若財世上　求之不難

財伏父下
持世則利
若在他處
則亦艱辛

鬼伏父下爲官化文書要貼世或官鬼旺相或文書直日
利經官下狀及補名目之事
或問鬼伏父母如何處用　答曰鬼伏父母若在世下方利
下狀趲補名目事若在他處則亦艱辛矣蓋父母爲重疊
神也

鬼伏子孫　去路無門

官伏子孫

官乘旺相　透出可分

鬼伏子孫只宜散憂若用　官須是官鬼旺相透出直日辰
方可　若子孫旺相古看　夫病即死

鬼伏子下
羝羊觸藩
不能進退
官鬼無幾

或問官伏子孫去路無門答曰如羝羊觸藩不能進退若官爻旺相在世下世上旁爻子孫無氣落空則不如此斷倘子孫旺相官爻無氣落空亦不如此看可斷有人阻節或官吏阻滯而已

官鬼伏官

官鬼伏官　小人作難
若親見貴　方許開顏

若官伏鬼下乃關隔之象又主小人作難若得旺相相扶親見貴人可就

或問鬼伏官下乃關隔之象主小人作難何也答曰親爻

□爻官射是□人旁爻官鬼是吏貼

官鬼是貴人也旁爻官鬼是吏貼也官人被吏貼遮蔽不能出現此所以小人作難也　又問若親見貴人如何又得開顏曰凡用官伏官者被旁爻所隔若用官伏官之卦但世爻動化官鬼父母故宜動身親去見官官則用爻之神父則輔助之物於官有益不至相傷所以開顏也

出現重疊

出現重疊　還須旺相
若乘土爻　更看勾象

世爻出現乘父母官鬼子孫妻財旺相可取休囚不可取若乘辰戌丑未更看勾合何爻也假令大有卦甲辰父母

持世爲雜氣能勾申子辰化水局子孫不宜官用

或問更看勾象如何看荅曰如火天大有能勾申子辰水局傷官者以甲辰土爻墓持世也若不乘土爻便不看勾象矣　又如隨卦世持庚辰能勾申子辰合水局剋幹文書之事　若中孚卦世持辛未官墓不能勾亥卯未官局以艮宮親爻寅木是官卯木非官也

子孫獨發

子孫獨發　爲退爲散
若乘旺相　亦可求財

子孫爲傷官之神發動剋脫事若乘旺相亦可求財出現

更看變爻子孫又爲九流中貴福德醫藥蠶禽乾和尚震道士兌尼姑巽道姑坎醫藥離小士艮法術坤師巫或問乾和尚如何說曰乾爲圓爲首和尚圓頂象天也又問子爲和尚何曰子孫在乾宮其類神乃爲和尚也餘以類推之

兄弟獨發

兄弟獨發　爲詐爲虛
若乘旺相　財破嗟吁

兄弟爲奴財之神大忌隱伏動發主虛詐不實之事凶不凶吉不吉若旺相主口舌憂疑破財如出現發動更看變

得何如大怕化鬼爻凶
或問兄弟爲刧財之神大忌隱伏發動何也答曰隱伏看兄弟伏在世爻下也不伏世爻下非爲隱伏動發者兄弟獨發也

父母獨發

父母獨發　重疊艱辛
若乘旺相　文書可成

父母爲重疊之神大忌出現發動若趲補各關求書剳取契得旺相動發可成若坐休囚不可憑準矣
或問父母爲重疊之神何故爲重疊答曰凡六親祇有一

重惟父母有兩重如祖父母父母也故父母發動重疊艱辛　又問如坐休囚不可準憑曰父母發動旺相尚自重疊艱辛若休囚豈可憑乎

附動止章　凡占官上馬看文書爻入墓絕日去墓藏也絕止也占自身或占父在外欲回家看世爻絕墓日動身又看世持甚爻待日辰沖便歸如卦中化出爻來生合世爻或去刑尅沖害世爻便是此事搭住如財爻是婦人類

官鬼獨發

官鬼獨發　爲欺爲盜
若臨吉神　功名可望

官鬼爲官吏若求名遇吉神必主立身清高若臨凶神必主興訟賊盜弄魅害人之事

妻財獨發

妻財獨發　生鬼傷父
問病難瘳　占親無路

大抵財動剋父亦能生鬼然財爻宜旺不宜空宜靜不宜動惟占脫貨要財爻發動如吉婚姻財動必剋翁姑古訟主剋文書若財鬼俱動者父有元神而翁姑不剋文書有成

已上專論五鄉公私兩用爲卜易者提綱捷訣也

正月占得卯爻為進丑爻為退陽卦陽爻為得陰卦陰爻為失夏至陰卦陰爻為得陽卦陽爻為失

世爻為命　月卦為身

得則富貴　失則賤貧

占身命

人之身命冬至後占得陽卦陽爻為吉假如正月占得一月卦為進更加旺相祿馬有子有財居於有德之位誠為有福貴人如冬至占得陰卦陰爻不吉正月占得十二月卦為退兼以相刑相剋休囚又無財無子坐於不吉之爻則為貧賤下命俱以得時為吉失時為凶也

占形性

外卦為形　內卦為性

若占其人　以用而定

以外卦爲形貌　內卦爲性情　乾在外頭大面圓逢剋則破相在內則心寬量大　兌在外則和說多言在內則心小膽大　離在外文彩在內聰明　震在外身長有鬚在內心暴不定　巽在外身長有鬚在內心毒而忍安身不穩　坎在外形黑活動在內心險多智　艮在外其頭上尖下大在內心志固執　坤在外厚重在內主靜逢凶則魯鈍　再以五行隨卦之金木水火土通論　金爲人潔白貞廉骨細月膩聲音響亮爲性不受激觸處事多能好學好酒好歌唱　如帶殺重乃武夫或多武藝　木主人物

修長聲音暢快鬚髮美眉目秀坐立身多欹側爲事窒塞無通變之謀如死絕則人物瘦小髮黃眉結蒙語細聲不能自立之人也　水爲人背小圓面色或焦行動搖擺爲性大寬小急處事無定見喜淫好酒少誠實若帶　吉神貴福者乃志量廣大包含宇宙之才也　火人面貌　上尖下濶印堂窄鼻露竅精神閃爍語言急速性躁聲焦其色赤或靑不定坐須搖膝立不移時臨事敏速旺乃聰明文章之士　土人頭圓面方背方腹濶爲性持重處事沈詳語言簡默動止不　輕如遇墓絕乃塊然一物無智無謀無能

之愚人也　論女人性形　金財端正德貞潔美貌團圓似明月心性聰明針指高肌膚一片陽春雪　木財嬌態勝仙娃能梳雲鬓似堆鴉身體修長眉眼秀金蓮慢把翠臺遮　水性為人多變更未有風來浪自生若加元武咸池併巧似楊妃體態輕　火財為人心性急未有事時言便出鬢髮焦黃骨月枯夫婦和諧難兩立　土財不短亦不長絕美人才面色黃若逢吉曜生佳子性慢言遲福壽昌

古運限　大小二限　從初世起

卦之運限陽世順上陰世逆下小限亦同

陽順陰逆　　六位周流

卦之大限以陽世爲順陰世爲逆陽順則自世而上陰逆則自世而下每一爻管五年周而復始逢生令則吉遇刑傷則凶　其小限一年一位周流而已　假如丁酉七月甲午巳巳時古得大壯自一歲在世上至六歲與十歲在六五至十一歲在上六至十六在初九二十一在九二三十六在九三甲辰比肩但二十七歲小限在上六故曰大小二限併兄弟必以先傷妻而後破財餘倣此　又有以本體爲初互體爲中化體爲末者　又有以本卦管三十

年每爻五年以之卦管三十年每爻五年學者亦可參之

占婚姻

喜合婚姻　世應宜靜
財官旺相　婚姻可成

世應有動便不成男家娶妻看財爻代占同女家嫁夫用鬼爻忌動出現怕沖若旺相可成世應相剋不久世夫應婦又看何人占之占夫忌子孫發動子孫持世不成占妻忌兄弟發動兄弟持世不成間爻爲媒父母爲三堂子孫爲嗣宜靜卦無子孫不歡喜

或問世應有動便不成何也答曰世動男家進退應動女

家不肯世應有空亦然　問忌二字動忌何爻動也曰財官二字　何爲三堂父母兄弟子孫也　凡財爻與兄弟合此爻不廉五爻持鬼此婦貌醜財伏墓下主生離死別財伏鬼下主婦人帶疾兄伏鬼亦然財伏兄下主婦人淫蕩鬼伏兄下主男子賭博身爻值鬼主帶暗疾此又不傳之妙　占妻看財爻宜靜占夫看官爻宜靜陽宮端正陰宮醜陋在飛上應頭面四肢在飛下應拙不穩男占得震巽主再婚女占得坎離主再嫁妻在間爻女有親爲主婚夫在間爻男有親爲主婚但得時旺相皆許成出現忌日

沖世動男不肯應動女生疑用神如發動成也見分離間動有阻隔或是媒人作鬼如占女人姸醜第五爻爲面部如財福旺相持之絕色父母次之兄弟持之貌醜陋不姸

上六爻爲頭髮如火坐之主鬒髮焦黃色看大腳小腳專看初爻初爻是陽主大腳初爻是陰主小腳重化折半扎腳爻化單先纏後放

附占婢妾奴以財爻爲主象財爻旺相便吉若動出官來主生病招訟動出兄來主口舌若兄爻財爻合住主有外情不艮如有爻象與財爻三刑六害必主因此成訟財化

子性善財化官帶疾財化兄主淫蕩不良財化父老成財化子性遲緩不管事　定婦人女子看財福二爻生身世無沖剋是女子財福生官兄或官兄旺動是婦人

凡占雇取僕從亦用財爻為主象財不可太過又不可無財並空亡若如此慵懶不向前子化財為人純善鬼化財帶疾兄化財不真實多說謊瞞騙人家父化財性重作事穩財化兄多淫蕩難托財又看身爻身是鬼主有疾身是父主識字身是兄多說謊身是子主慈善身是財最如化出鬼主生病招口舌化出兄主口舌不穩

六爻陰極生男
六爻陽極生女

占孕産

孕看財爻　胎加龍喜
財相爲男　休囚是女

産孕須壽龍喜胎神白虎臨於妻財旺相爲男休囚是女
乾兌坎離在下卦主順生震巽艮坤在下卦主逆産蓋
乾首兌口坎耳離目在下爲順以震足巽股艮手坤腹在
下爲逆也　假令乾宮子孫以水長生在申到午爲胎爻
三合寅午戌三日丙生也　要知男女胎爻屬陽生男胎
爻屬陰生女坤卦六爻安靜生男此乃陰極動而生陽又
不可專泥也　凡古者娘看間爻持財于老娘手段高持

四旺才子
老娘手高
身爻旺相
奶子有乳

爻兄官手段低占奶子看財爻旺相有乳食財爻無氣或
空乳少

占科舉

科舉功名　于求進職
皆取官爻　旺相必得

凡占卦試謁貴面君祭官到部謀幹等事看世上有無文
書君父母旺相可許但官爻　旺相便吉忌子孫持世不中
占卦任子孫持世或獨發必不滿任也
或問看世上有無文書何也　答曰此專用官為主用父為
輔所以要父母在世上也以　文書為主要文書持世無刑

大歲爲天子
月建爲臣子
太陰爲皇后
歲后三辰是

剋太歲貼身必作狀元　凡占試以鬼爲主看伏在何爻下要日辰生扶合出且如春占剝卦官在文書爻下有氣日辰合出主試中式求職請判宜官鬼出現忌動發在任宜鬼靜鬼發有動子動有替　若六爻中只一爻動最急兄動事不實難成若現有氣可速成怕落空易云動爻急如火次或出現文書與貴人　但卦中元無或不入卦或落空其事難官與文書俱旺相　亦要持世方可成應爻不剋事體分明乾兌坎宮謀事不　一見官用動其人多出見亦生嗔

外陽可見
外陰不見
陰鬼陽世再見
陽鬼陰世已見
外卦出現在
伏藏應動不見

官鬼爲主　世我應彼
世應相生　得遇和喜

占謁貴

凡占謁見以外卦取外陽爻可見外陰爻不見陰鬼陽世再見陽鬼陰世已外出　出現在家忌外卦獨發伏藏應動皆不見看財爻旺相出現忌動用官看官爻忌世應坐鬼又須問見何人看用爻爲主　謁見用爻出現旺相不動在家若空沖散不在世應相生合則吉相剋必凶　世剋應或剋用爻皆致怨之象　當俯仰小心應剋世或用爻剋世雖皆願見亦憂刑應用相剋不及相生也卦有身相

外克內應克世易得內克外世克應難得財旺相主貴宜賣財休囚主賤宜買

見更看用爻用爻生身尤好卦無身又無用爻或用爻空亡終不見

占買賣

財福出現　買賣必利
世應相生　交易可成

卦占買賣惟要財福出現如無不利若是兄宮發動於上爻必知地頭不吉凶殺泊四五途路坎坷多　財爻持世剋身得利發動剋身亦利外剋內應克世易得財內剋外世剋應難得利　內旺相外無氣其物先貴後賤　財旺相主貴宜賣財休囚主賤宜買　兄財不利鬼動賊發月

建臨財則吉官鬼臨庫公財吉私財凶　卦有二身三身者財當與人分共本宮鬼化財可求本宮財化鬼防失

占求財

財來扶世　求之不難

財空鬼旺　千水萬山

卦之占財要財福旺相無則不吉　世爻旺相剋應徵索可得財以剋爲索物也故青龍上臨月合吉神拌世應而六位有財可得白虎臨財已先嗔臨應他先嗔比和則無關鬼動則必經營也應生世雖無財亦可求外生內應生世或比和不落空者雖未有尚有還財子爻動彼自不還

死氣財必長生日得外剋內卦宜出財內剋外卦宜入財
將本求利須要財爻持世應旺相有氣乃大吉財爻無
氣雖有亦無多財爻空亡其財決無尤防破失財爻生旺
可倍加休囚減半逢沖將入手有阻　空手求財雖有財
爻却要鬼旺方爲全吉如財爻旺相卦中無鬼雖財可求
實無可得若有鬼無財雖有高術亦不得財二者必用二
全方爲大吉父母化財先難後易財化父母先易後難財
化兄弟先聚後散兄弟化財先散後聚　前卦有財後卦
無財速謀有得遲則無前卦無財後卦有財遲取方有目

下未值財之多寡須憑爻之衰旺決之　子孫爲財之源若加青龍發動不問財爻衰旺決可求謀乃大吉之兆父母動則子受傷不能生財財源已絕若遇白虎同登凶縱其財旺生合世爻止許一度不可再圖　世爲我若財來生我剋我皆吉乃易得之象若我剋財爻謂之剋退財靜猶可若動如入不逐高不能及也若世安靜財爻發動生我剋我此財來逐我之象決主易求　看得財日須與月辰合方得入手若旺相之財墓日可得無氣之財生旺日乃得也

凡有兄弟
妻財父母
官鬼獨發
皆是贏象

占博戲

博戲門禽　福旺物貞
財爲利息　鬼動不贏

世應見鬼爻皆敗乃彼我不得地世旺兒剋應我勝應旺剋世彼勝子孫妻財喜扶世我勝子孫旺相喜動

或問妻爲我物鬼爲彼贏如何取用答曰此言門爲贏也若轉變之事則不一同專要子孫持世旺相或獨發便贏若鬼兄財爻動便輸要知當日俱以時辰取福德言之要知取何爻財但向五鄉取何爻若旺者便是此捷法也

問父動衝撞多兄弟動多門鬼財動必輸

財旺大吉
鬼主多凶

歸魂八純
鬼墓臨身
兄弟獨發
皆不可行

占出行

遠行出入　財旺大吉
鬼旺多凶　持身最吉

財爲行李子爲喜忙用鬼爻持世兄弟獨發鬼爻旺相鬼墓貼身遊魂八純皆不可出行

或問遊魂八純皆不可出行如何答曰遊魂主忘返八純主賓不和故不利出入也　動官行世應俱動宜速行旁爻動利行遲八純不宜遠行世墓方大忌　要看第五爻持世爲緊但宜財爻子孫持世或旺相動便好只怕鬼兄動世爻化入墓化出兄鬼主有日否或主病世空尤不成

或動爻沖剋世爻　便斷此人傷我如鬼爻鬼賊官事[illegible][illegible]
口舌是非父爻船　事不便或文書等事財爻動當有財物
之喜子孫動或化　子孫去有財喜

占行人

行人用財　鬼動必災
應爻坐鬼　無透不來

但以財爲用親爻　爲行人旁爻爲音信持世立至遠三日
近當日財爻出現　旺相來速休囚來遲財爻伏藏旺相直
日便至旺相不直　日未來財爻出現旺相直墓月分方歸
大忌應爻坐鬼兄　弟須是日日辰透出安靜以財生旺日

到亂動以父母生　旺日到　初爻爲足二爻爲身身足俱
動來速第三爻動難得來父母爲信
或問親爻爲行人何爲親爻答曰財爻也乃本宮之財非
旁爻財也旁爻之財但爲信而本宮之財爲行人　又問
三爻動如何難得便來答曰第三爻化出財爻乘旺相動
便到世空行人便至應空未有歸期　占家親在外以墓
爲歸若爻神出現無日辰刑剋行人可待若在遠路看用
爻值月何建以審行人應空過一旬歸魂卦世動不來或
別處去　凡占必用爻三合日歸如子爻爲用神取辰

同如不同申日同申子辰三合也遇空不取　若用人世墓亦主同應空有阻未至世空便到應持鬼去遠子孫財爻持世遠三日近二日間第五爻動出財來或子孫來行人在路了　應動行人發身了亦看動出何爻官鬼主有病兄弟主口舌或無盤費父母動船中有事主有信財動使至鬼爻旺相官事擔任

占逃亡

逃亡看世　失物看財
妻動物出　世動難來

凡占人逃去歸魂自歸八純卦在親友家一二三世易尋

四五世難尋內動近外動遠　古六畜小見看子孫失物看財應不動財不動兄不動財不空鬼不發或伏藏可見之象已上雖可尋若卜得坤艮宮財在大路亦不能尋矣

更問失何物若失文書牌號當以父母爻取

或問世爻動如何難來卜八純卦何故在親友家答曰外卦是六親出現也　又問一二三世易尋何也曰一二三世下爻去沖應又外卦出現故曰易尋也　又問世在五六爻難尋者曰外卦伏藏也遊魂主去遠歸魂主自歸

逃亡　世宮為方　應宮為所

方位　歸魂八純　互換宮取

世爻之宮爲方一爻獨發方可取方歸魂八純以換卦宮取乾互坤坎互離艮互兌乾艮宮在山　坎近水　兌奴婢家　大怕鬼爻持世應變出現鬼爻乘旺相凶

或問世宮爲方何也曰如天風姤卦辛丑持世巽宮乃東南方也　又問應宮爲所何如曰天風姤卦應在壬午宮在東南巽方官人家也　又問歸魂八純互換宮取如何互換曰如占得純乾去看空逃亡人在西南坤方也又如兌卦往東北艮方尋艮卦往西方尋此互換宮方取　又

問震巽離出外必無歸答曰震巽屬木離屬火皆非藏之處者下文乾坤艮兌而不及震巽離者此也震蘆葦中或舟船中巽匠人處竹木處離窯冶處古廟裡　世與內動在近應與外動在遠用神出現以旺爲方用神伏藏以生爲方丑東北辰東南未西南戌西北　又斷應與用同應是兄弟本貫相識人家應是官鬼有勾引人出去或官司去處應是父母投親戚家或入手藝人家應是妻財奴婢妓弟人家應是子孫在寺觀廟宇裡

占失物　陽鬼爲男　陰鬼爲女

陽宮鬼男
鬼伏是女
陰宮鬼女
鬼伏是男

鬼祟　若是伏藏　返對而取

占賊占祟以鬼陰陽爲用占主女男看得何宮如占賊陽宮鬼出現主男鬼伏藏主女陰宮鬼出現主女鬼伏藏主男　占祟鬼無正形但以支干取之鬼動以單爲少陽折爲少陰重爲太陽交爲太陰如分老少何人但看應爻最切

或問若是伏藏返對而取何謂返對答曰用返卦爲顛倒也陽取陰陰取陽之義　又問返卦時何以知賊之巢曰但向鬼生方尋之問何以知鬼生方曰但看財爻爻伏何爻

下如姤卦財伏子孫下在西北方僧道小兒處也　又問
何以定獲賊之日曰看子孫旺日是也

占賊盜　若有兩爻　可別單拆
忽有獨發　鄰中可測

卦有兩爻鬼者以單拆分取之六爻中一爻獨發亦可取
父母爲老子孫爲幼兄弟爲男妻財爲女官鬼橫惡占賊
過犯人
或問若有兩爻可別單拆如何別之曰一卦兩爻鬼以單
爲陽人拆爲陰人如俱爲拆只是陰人鬼化鬼乃過犯人

單爲陽人
拆爲陰人
鬼化鬼爻
過犯非人

也　以應爻爲主財爲財鬼爲鬼出現最急旁爻爲次凡
財出現於五爻之下不動可見　非鬼爲賊獨發爻亦可
取若有鬼爲賊更取日干爲主分辨老少　凡占六畜只
以子孫爲用父母動則休矣　凡失物尋看財爻本象要
旺相不空不動可見如財爻空了動了是出屋也更無氣
决不可見　官鬼爲賊子孫爲捕捉兄弟爲衆父母爲衣
服文書財爲失物　如子孫旺相其賊必獲子孫無氣或
空難獲鬼爻空决尋不見　六爻無鬼安靜非賊偷去乃
自失也　財在內卦安靜旺相物不失必在家中內外俱

有鬼偷與外人鬼剋世爻　主驚然撞見賊賍鬼刑世主賊再來必有所損宜防之　財化鬼婦人爲賊子化鬼小兒或出家偷盜鬼化鬼過犯人拿父化鬼掌文書或老人爲盜兄化鬼相識昆仲爲盜　有多伴

占鬼神　休囚爲鬼　旺相爲神

本象家親　他宮外人

六爻定體

公婆	父母	叔伯	兄弟	夫妻	小口
六爻	五爻	四爻	三爻	二爻	初爻

父母家先老人
子孫小兒六畜
妻才奴婢賤人

兄弟弟兄
陽人
官鬼橫惡
客鬼

家親　口願　土神　門戶　土地　竈君

佛道　土神　半天　境神　家神　司命

五行鬼

金木橫死土時疫火勞血水落水

八純卦

艮五聖　震天神　巽木神　離火神

乾功德　坤家神　坎落水　兌口願

五鄉獨發剋日剋世取之各有兩義

父母家先　子孫小兒　妻財婦婢

兄弟陽人　官鬼橫惡　已上隨爻

或問本象家先他宮外人何也答曰本象鬼動是家親旁爻鬼動是外人假如乾卦壬午鬼動是家親大有卦己巳鬼動是外人也問土鬼何也曰此乃當處靈驗之鬼俗謂之神者也旺相爲神休囚爲鬼動爻剋世剋日亦可取祟

易鄰云察禍推其鬼處還將身配六親相剋相生便見禍之端的

附六神

青龍　善惡　經文　醮祀　廟香　無氣帶刑自縊死

朱雀　花旛　口愿　符命　竈神　無氣帶刑勞死鬼
勾陳　天曹　勅土　無氣帶刑黃病路死鬼
螣蛇　夜夢　驚恐　上許下保福　無氣帶刑夜夢見
鬼
白虎　金劉神　作犯白虎刀傷鬼　無氣帶刑刀傷鬼
元武　上真　北陰神　無氣帶刑落水陰鬼
凡祭賽有三如祀上帝卽取藏爻中鬼神祇當用月建神
堂家廟當用日辰皆要生合卦身不宜刑沖亦不要動爻
鬼害刑沖如合生福利而吉若帶　刑沖反招禍卦爻中鬼

自化入墓必有不了再臺之患

占詞訟

舉訟與詞　要官有氣
若是被論　休囚却利

凡下狀論人官爻旺相出現必贏若占被論官爻休囚鬼爻持應世爻剋應子孫持世反得理吉　若代占人坐獄忌世下坐鬼鬼墓持世凶但鬼爻動便不可與人爭財動拆理亦不可訟

或問代人占坐獄忌世下坐鬼代　占看應何故反看世也

答曰此理最微人所不測宜於是　有疑唯世下坐鬼便去

沖應合應故主離脫汝若不信請以六十四卦取之　爻
問如何財動折理曰財爲理財動便主理虧蓋財能傷文
書文書既被傷安得有理　又問財化財如何曰雖有理
而不勝　問官化官如何曰推移主有詐僞事在後　問
父化父如何曰事重疊遲遲未決　問子化子何如曰主
干連小口　問兄化兄何如曰主對頭爭執　凡外有客
鬼持世主必遭虧更有罪名父動剋世因勾惹之事世空
自散宜和解應空詞訟沒期程　凡世持鬼鬼動入墓卦
中無財必在獄中死　凡卦爻變鬼刑沖家身世主徒流

之罪　如金爻是鬼刑剋身世化死墓絕必主死罪官事不宜官鬼動動則看來生合沖剋世世應以定彼此吉凶

占　脫事　脫事散憂　子孫旺相
　　散憂　世動自消　不成凶象

凡占脫事散憂要子孫旺相出現或子孫獨發世爻動亦自散忌應爻剋世鬼爻旺相獨發凶

或問世動自消不成凶象何也答曰只是世動我可脫如財動利乾貨之義　又問世動出官鬼如何曰世動只是遲滯難脫主亦繫事若占論何曰出禁須要得日辰沖散

六害方出如世爻持未得丑爻動或日辰是丑當是丑日
出獄也身爻世爻被太歲沖生合有赦也　假令有人占
推復與人要世空子孫獨發旺相又要官鬼空或官入墓
絕應持鬼好若世生官凶難脫破財官鬼動化出同　且
如疑一人阻我事要占是他否專看應爻持財子爻並安
靜不是空亦然應是官鬼或化出兄弟是此人也

占疾病

凡占疾病　應藥世身
若坐墓鬼　病主昏沈

卦有三墓宮墓鬼墓以世為身忌生鬼爻本宮墓鬼得之

者主自身合災暴病未可久病必死　以應爲藥忌坐鬼
爻旺相凶本宮墓鬼得之主無藥服藥不效大怕申酉爻
持世占病重大忌木爻獨發鬼爻旺相伏世下旺爻動剋
世

或問卦有三墓何謂三墓答曰如天風姤卦旁爻丑持世
乾宮屬金墓在丑此是宮墓如中孚卦世持辛未艮宮屬
土以寅木爲鬼木墓在未此是鬼墓如泰卦甲辰持世坤
宮屬土以亥水爲財水墓在辰此是財墓問何謂得之曰
得之者世爻上逢之也世爲我身也凡墓爻故主自身合

卦有三墓
乾宮如卦
金墓在丑
此是宮墓
艮宮中孚
木鬼庫未
此是鬼墓
坤宮泰卦
水庫在辰
此是財墓

災也暴病未可者墓滯也故未可久病必死者病久氣衰而又入墓豈得不死　又問何不言財墓曰財墓吉兆故以財言之若古婦人逢此須大忌　又問鬼爻旺相伏世下何也曰世爲我身鬼伏世下是病隨我所以忌之　看鬼伏何爻下於金木水火土分辨之伏父母憂心得或勤土得或往修造處得鬼伏兄弟動失饑傷飽得或因口舌氣上得鬼伏子孫動因牽惹得或慾事太過得鬼伏財飲食得或買物件得官鬼出現驚恐怪異或寺觀廟宇中得王下伏土瘡腫火下火手足金見金鬬亂木下木寒熱水

下水冷疾金下火喘滿陽宮財動主吐陰宮財動主瀉鬼爻現外金鬼爻伏裡主心腹病鬼在內動下受病鬼在外動上受病用爻同　土動主瀉木動發寒金動四肢或滿悶火動發熱木主足金主頭土主胸腹火主手目水主耳腎飛伏俱旺相飛爲起因以伏爲受病又世爲動爻在內下受病應爲動爻在外上受病間爻動主胸膈病症　易鏡云且如長男受病宜純震之不搖小女染病則兌卦之不動大忌申酉持世木爻獨發者申爲喪車酉爲喪服木爲棺槨耳

以財為祿　以鬼為祟

病忌官鬼　鬼爻旺相　獨發大忌

凡占婦人病喜子孫旺相持世安靜忌財伏鬼下兄弟持世兄弟獨發世剋兄應內剋外主吐應剋世外剋內主瀉

或問婦人病占喜子孫旺相世安何也答曰此即用財以子孫輔之義忌財伏鬼兄弟持世即用財伏兄之義　又問內剋外何故主吐曰內為腹外為口也外剋內主瀉

病以父兄　主爻伏鬼　或伏兄弟

或伏父母　旺相大忌

亂動之卦只取主爻大抵休囚伏兄弟父母官鬼之下兇世者死蓋兄無食父母無藥官鬼眞病凡得八純遊魂卦病者决主沈重占小兒主死

或問主爻伏鬼伏兄伏父之下曰此即財伏兄財伏父母官伏兄之義舉一隅則三隅反矣　又問八純遊魂歸魂卦占病沈重占小兒主死何也曰此三卦世持父母官鬼兄弟或子孫伏父母下占大人病重占小兒病死

占醫藥

以應爲醫　以子爲藥

鬼爻旺相　大忌獨發

夫卦之疾病以用爲主以鬼爲病　金鬼肺腑疾[illegible]

急虛怯瘦瘠或瘡瘤血光或筋骨病　木鬼四肢不遂肝

胆主病右瘓左癱目眼歪斜　水鬼沉寒痼冷腰痛腎氣

淋瀝遺精白濁叶瀉　火鬼頭疼發熱心胸焦渴加朱雀

狂言譫語陽症傷寒嘔逆　土鬼脾胃發脹黃腫虛浮瘟

疫時氣　凡占病必察用爻　占父母必要父母有氣雖遇

凶卦但主沉重不致喪亡若用爻空亡及不上卦更逢凶

殺決主不起用爻無氣若得旁爻動來生扶此同生旺決

無咎也若凶殺臨父母或父母空便可言雙親有病諸爻

皆然鬼爻持世沈重絶日輕可鬼化鬼其病進退或有[illegible]
病或舊病再發或症候多雜 一卦二鬼亦然鬼爻持世亦[illegible]
難除根鬼帶殺持世爲瘵病難脫體乃養老病矣 青龍
臨用爻或福德爻其病雖重終可療青龍旺亡卦無吉解
病凶 白虎臨父母當損若值財上妻遭傷子孫際遇終
成否兄弟逢之亦不昌更並官爻臨世上自身須忌有災
殃

病症宜忌

金鬼不宜針木鬼不宜草木水鬼不宜湯飲湯洗之類火
鬼不宜灸熨土鬼不宜服丸藥 金鬼可灸木鬼無方火

鬼帶服寒劑水鬼宜服熱劑 工鬼宜服木藥金鬼利
木鬼利西方水鬼利土值火鬼利比方土鬼利東方求請
醫者又丑鬼不可牛月未子孫當食羊 鬼爻在內病自
內生鬼爻在外災自外至火鬼必在南方金鬼必在西方
道路生災又為主胸金鬼則病在肺家逢火作膿見木生
風遇蛇虛悶

占家宅

家宅吉占 專用財福
財旺子空 當無嗣續

卦之家宅專用財福上卦如無財福便是平常之宅無刑

沖剋制有青龍龍德臨宅乃是大吉之家以內三爻為宅逢乾強盛遇坎則陷逢艮則止遇震則動逢巽則搖遇離則麗逢坤則靜遇兌則說若陽長則吉陰長則消　以迪綬為堂屋妻財為廚竈子孫為廊廟官鬼為前廳合亦為門沖乃為路五為梁柱上為棟牆旺相為新休囚為舊宮龍為左白虎為右朱雀論前元武為後螣蛇論中　水爻有水木爻有木遇艮有山逢震有路父母為橋道墳墓子孫為寺觀廟宇官鬼旺則訟庭官族休囚則軍匠客其妾財祿吉則富室豪門伏官則貧夫招婿之家逢青生合身

世則吉逢凶刑剋身世則凶　父母持世承祖居父母化
財必出贅財爻空或剋難享現成父母空或身動難招遺
業

占人口　福應生世　為我後裔

兄動財空　斷不可繼

卦之人口陽多則男多陰多則女多以父母為家主以官
鬼為丈夫以妻財為婦人以子孫為小口以兄弟為同氣
一財動傷尊父動子憂子動官傷官動兄弟愁苦兄弟獨
發又為剋妻之兆　妻在內則住近卦有二財必主兄弟

子在外則招遲爻屬水當主數一　卦無父母占人壽命
弗延爻無妻財兄伯貧窮是準有子孫龍喜而無父母者
其家有遊子白虎臨而出僧道巫覡有財而無官者錢財
必耗散朱雀臨而習呼唱賭博有鬼無子多怪夢而絕嗣
有鬼無財主疾病以多端父祖有官必逢祿馬貴人本身
有藝定是親神全木

占　起造　起造多人　財靜人安

遷移　鬼發招禍　遷動俱難

起造移屋要子孫財爻旺相出現持世忌官鬼父母妻子

兄弟獨發凶父母爲尊長兄弟爲六親妻財爲妻妾子孫爲鬼女官鬼爲凶殃以上獨發論之看剋何爻取之如占住屋居第二爻動住不久遠若脫屋求財利二爻動官在第二爻動必可脫也不動難得脫也

或問財靜人安財動便不安何也答曰蓋父母爲宅財動便剋父母所以不安也　又問第二爻動住不久遠何也曰第二爻爲宅宜靜不宜動也

附陽宅

鬼墓方爲聖堂子墓方爲牲畜財墓方爲倉庫絶爲廁兄

墓得直方水生旺處爲井應爲屋鬼爲廳福爲廊財爲房屋厨櫃兄爲門身持兄得五事俱全不可空無空冲剋上等屋也內有一爻被冲剋主有損壞得空爲妙　如爻在初爻一層屋二三爻濶遠四五爻樓濶遠上爻者深遠重疊屋也如他爻變出爻屋分兩處爻空二地地變鬼或伏鬼下非公吏合必是官房不然有病人有此象當招口舌或招官司父在上未住在下現住凡卦身或空未住身併現住身値鬼屋下有伏屍將屋脫錢要財旺身衰喜兄爻空要冲剋財合身爲妙不喜化出財爻剋害爲凶　內卦二

爻爲宅看動金動公事至木動風水惡土動生瘟氣水動傍河不吉火動於鬧路中口舌靜吉　外卦六爻看動兄動夫婦不圓父動上人多憂陰小六畜子動爻旺喜事重重官動災禍難言財動難爲大人女人不正

占耕種

父衰財旺　收成有望
爻值福鄉　花利千倉

卦之耕種專要財福上卦最忌鬼值五位收成不利世尅應倉廩實外尅內倉廩虛又初爻爲田鬼尅田瘦薄難植作二爻爲種鬼尅主再種三爻爲生長鬼尅主不茂四爻

爲秀實鬼旺多草費工夫五爻爲畋成鬼剋主不利已上惟上鬼剋不妨六爻爲農夫　鬼剋主有疾病　金鬼旱蝗火鬼大旱水鬼水災木鬼耗損一卦兩鬼兩家合種年豐必須官鬼空亡大抵財爻宜旺不宜落空則吉金財旺相旱禾倍收土財旺相晚禾豐稔金土二爻雖不臨財但遇吉神亦准可論吉

占蠶桑

財旺福興　占蠶大吉
爻鬼交重　不賽終失

卦占蠶事先看定値鬼爻持世不吉有財有子爲佳切鬼

動當還賽兄動則有損子孫木火大吉亥子濕死金上白
福土乃半收安靜則吉發動不利

占畜養

旺財相福　牲畜有益
虎動鬼興　必防損失

卦之畜養須論定體端要財福上卦如無不利鬼持初爻雞鴨不吉官坐五爻牛馬難安參合六神論斷、諸爻最忌兄弟官鬼如鬼值上爻或曰五爻爲主金鬼牛極瘦木鬼脚疼或腹風水鬼散火鬼觸熱土鬼發痒瘟黃、逢朋屬木命爻臨財福無傷則吉且如兄鬼臨三爻本爲不佳

若有亥爻本命臨財福吉亦不爲害餘倣此推

福與財旺　前程可望

占漁獵

財鬼虛臨　山枯海曠

斷之漁獵以世爲主以財爲物財子俱見旺相大吉財値四爻兔豕堪遇鬼臨六爻虎豹須防震棒巽弓離網艮犬剋財者宜用之若財爻値斷如巽鷄艮豹震兔坎狐野豕兌羊乾虎離雉坤羊之類　內剋外內旺相世剋應得青龍臨財爻動不空亡物可得惡殺臨財旺相發動剋世主有獸傷凶

占墳墓

安墳立陵　福旺家興
鬼旺宜火　葬防後人

以鬼爲屍要無氣父母爲墳皆宜靜以財爲祿以子爲祀要旺相出現持世世爲風水應爲棺槨皆宜靜

或問旺相宜火之說曰鬼旺只是不利故宜火化不宜葬也陰宅先論墓地次論卦身要有財福世應有氣相生爲妙　未葬時外亡內塚相剋吉不要官鬼旺已葬後內亡外塚相生鬼旺亡人安鬼爲亡身爲塚若定塚穴高低如卦身在初二爻葬在低處在三四爻葬在平處在五六爻

葬在高處若地位方向以卦宮長生定之如坎宮地在此方坎水長生居申其穴宜在申上餘倣此　占葬年如身在卯酉年占卯數至酉成七不七年或卯酉二七十四年或用月數如變爻沖卯爻必地既狹窄無氣同

占朝國

世應相得　君臣用心
六位無剋　萬國咸寧

世爲帝王應爲功臣本宮爲都内外比和旺相天生聖主剛柔動靜有常地出奇材最宜吉神切忌大殺　金爲兵戈忌動土爲城壘宜安水爲泛濫火爲炎晴木爻凡[illegible]害

神爲瑞震離坎兌爲四方艮坤二卦爲中土　五爻爲至尊加吉神太歲仁慈之主也帶殺白虎暴虐之君也與吉神生合必親賢任能遠佞去奸　初爻安靜吉神持世或生世萬民悅服本象二爻爲侍臣帶吉神左右必得賢人加凶殺者多奸邪便佞　四爻會吉神剋世生世必上忠君下安黎庶　子孫爲儲君郡主宜旺相不空若大殺動刑沖剋恐有廢立之患子孫在初爻動剋三爻或世者士庶民有上書直言利害在二爻動必有才德舌辨之臣入朝上封事在三爻動有賢能諸侯謂門直諫在四爻動左

右近臣必盡忠死諍也

占征戰

出兵交戰　鬼賊財糧
鬼旺彼勝　子旺我强

以鬼爲彼賊以子爲我軍子孫旺相必獲全勝出現宜先伏藏宜後內凡鬼爻旺相或是獨發或持世身大敗之兆若六爻安靜世旺剋應必勝　父母城池濠寨旌旗　子孫爲兵將軍馬　兄弟爲轅門驚恐伏兵　官鬼爲敵兵刀劍　世應空亡主和世空我軍弱應空彼兵退世爻被鬼沖剋我軍不利兄弟獨發凶　鬼去爻中兄弟化出官

鬼來合世爻身主有奸人　在軍中世下伏鬼亦然　凡爻爻沖剋子孫主損名將沖　剋財爻並財持世落空主糧受困刑剋父母士職船城寨　有失指揮號令大不宜沖剋官爻彼賊必敗　凡卦中動火刑父母剋父母必然火燒宮室火沖剋財主火焚糧草　又財爲倉庫如近子近我軍近父近濠塞近鬼近賊所　又父母塞位方如坤宮西南方也

占天時

若問天時　須詳內外

互換干合　方明定體

仰觀天象者干俯察地理者支先看內卦有合無合次看
外卦定體甲巳化土陰雲丁壬化木生風乙庚化金作雨
丙辛化水必雨戊癸化火主晴內外無合次明定體定體
者看外卦取獨發論變乾日月星坤沙石霧震雷霆巽
風離晴坎雨艮陰兌甘澤
或問互換干合如何互換答曰甲日占得離卦甲巳合則
主陰雲也壬日占得兌卦丁壬作合木未世主生風此化
氣也　若內外卦不與日干合看外卦以十干求之以日
干落在何宮假如巳未日占得大有卦月干落在離宮主

晴巳日占得陰清則日干無所落便可斷陰雲矣

每月之事　十干要精

天道晴雨

壬癸動雨　丙丁管晴

庚辛雨後晴或次日便晴壬癸連雨難晴有風方止甲乙作雨不妨丙丁日月晴明戊己陰雲不定辰丑動雨未戌動晴　內動速主晝外動遲主夜

或問十干動陰晴如何看答曰如水火既濟巳亥持世便斷陰晴不定財爲晴午火財却伏在巳亥水下水旺則主雨火旺或支辰透出午則便斷晴但要機變取時言之配

以六親百發百中若不精熟則不能通應矣　又問如何
取時日曰假如乙日占震卦則遇辰巳時方晴乙庚化金
作雨却緣戌土財持世又庚辛雨後晴緣辰巳時天干見
庚辛此兩個時不能雨止過辰巳時壬午時方晴如丙日
占震卦雖庚戌持世不能作雨緣日干丙字剋去庚不能
生水也　又問辰丑動雨未戌動晴曰辰是水庫丑中有
癸故此二字動值戊巳不為陰雲而必陰雨未戌動晴者
未中有丁戌是火庫故此二字動值戊巳不為陰雲而化
晴矣　又問內動主晝外動主夜曰內為陽外為陰晝夜

之道也　又問未戌動晴而癸日占得坎宮地水師卦
八雨日未戌動晴以其中有丁火也今戌戌化癸亥癸字
克了丁火日後又逢是癸併去傷了豈得不雨　又問癸
亥日占得坎之蒙亦是癸日加何却晴日未戌動晴以其
有火也今戌戌化丙子是戌之火巳透出來日辰癸亥與
上戌寅合住不能傷丙所以晴也　又問壬癸動雨要言
剋日定時取驗何如曰如六月甲辰日占雨得乾之大壯
當日申時雷雨驟至此壬癸剋日定時何以知之乾為天
震為雷外卦震內卦乾豈得無雷第五爻壬申親爻動日

値甲辰夜半生甲子晡時壬申土透出本宮動爻故應在申時也　又問丙申日名得乾卦壬戌持世如何壬癸不得雨日戌申有火透出丙字如何得雨　又問丁酉日占陰晴得坤卦此癸酉持世如何亦不得雨日本主雨却緣日辰丁酉貴人在酉故丁日見世爻五癸世在酉是敗財之丙癸水退讓於丁火豈得不晴　鬼動雨變出子孫晴應落空晴不久應剋世財晴父母生世雨又動剋子亦有雨　財爲晴父爲雨兄爲風子爲雲霧在冬爲雪官鬼爲雷冬春爲雪夏爲熱專看本象要旺持世本宮　要知何

日而曰父母長生　日帝旺或值日便有雨何日雨止父

空便止餘倣此　要知何日風假如兄屬寅爲東北風[illegible]

要看當時月辰天干爲緊外卦有動看變出者若是水爻

出現便有雨

占射覆

覆射萬物　表裏各異

以財爲體　以鬼爲類

財爲表鬼爲裏財鬼出現表裏皆有有表無裏外實內虛

有裏無表外虛內實財鬼俱藏輕虛之物

或問表裏名異何　也答曰以財爲表以鬼爲裏有表裏皆

有者有有裏無表者此所謂異也　又問方圓長短新舊如何定之曰陽卦主圓陰卦主方應旺主新應衰主舊世應被剋空虛世應相合圓物世應比和長物世應相生方物相刑剋尖物相剋沖損物

鬼值八卦

官鬼在兌乾金玉在震巽竹木在坤艮土石在坎魚綿水貨在離絲綿綃在坤離又爲文書布帛專數之物

覆射物色

以官爲物　爲色爲形

若居四土　可分重輕

以官爲色出現正色伏藏旁色伏財能食伏子能用伏父
能蓋載伏兄不中更以金木水火土分之動亦可取
或問以官爲色出現正色伏藏旁色如何答曰卽官鬼出
現是男伏藏是女反對取之官鬼爲正物隨五行取之應
爲表爲皮毛世爲裏爲形狀陽爲天主圓陰爲地主方應
在外上長應在內主短應旺相主新應休囚主舊　子孫
爲色財旺能食表受刑剋月破落空則無裡受刑剋則無
及表裏受刑剋月破日破不圓方受刑剋月破日破不方
子孫動物有足兄動有皮財動物可食父動物有生氣

宮動不中　五鄉一鄉不大亦可取物色　合則圓扶則長生則方剋則損刑則失　以內卦爲地外卦爲天　青龍論左白虎論右朱雀觀前元武看後勾陳世爻管中

覆射者須定服色事理

如金爻動在乾者內赤外白而方圓見火則軟逢水則堅有緣則聚寶藏則衆錢若非金銀必是銅錢若乾象在外或世身俱值乾必具金銀首飾鈸釧旺相金銀休囚銅鐵團圓之象外實內虛禍空物必空虛福不空其物堅實哉內明等物又能鑑容若金爻動在兌宮剛柔曲折鉛金而

澤朵也內光彩而見火外圓而象曰壯為金鈸刀鍬之類
烑羊通之器物應是接續缺目之物也
木爻動在震宮內白者鬼象外青朱純圓能壯能盛如鬱
作鬫如獸作聲隨時變易復死而生其色蒼蒼然青變赤
隨時變上不侵天下不着地如非菓寶即是魚筌魚筌為
竹木之器也若震象在刻或身世值震即為鞍轡靴鞋竹木
之物也若大爻動在巽宮聲如琴韻香氣氤氳謂乘風飄
聽聲香象也形體如彩影似蜻蜓蝴蝶之象在土為飛在
下綱索若巽象在外或身世在巽或為額色絮麻綿線之

青繩索之物也
水爻動在坎宮其相狀屈曲流轉遂外黃而黑水入為坎
隱土黑暗藏而不識乃為蟲態蹤也若坎象在外或身世
值坎麻豆魚鹽水中所生之物
火爻動在離宮先白後赤水土圓藏蓋火光見白暫後見
赤焰也離為雉尾而赤色內柔外剛雕鏤五色中虛之器
也若離象在外或身世值離或顏色絮麻綿索錦繡書
之物也
土爻動在坤宮坤本外黃內著土實內圓外方形相

復能軟若非玉器必是一囊 旺相則堅休囚則軟非古器
土具之物即袋也除此之類 爲馬牛若坤象在外或身世
在坤爲五穀布帛衣被瓦瓮 之物若土爻動在艮宮青山
之形內虛外實遇合旺相則 實無氣則虛物形團圓不動
形如覆蓋春秋不改冬夏常 存若飛白春則龜文也若艮
象在外或身世在艮是衣被 絮帛土器之物也
此乃究五行動爻身世之法 定克應未來之理可 研窮而
推究不可謬意取用 六爻安靜先看世應有無生合刑
沖剋害 又要觀發動之爻次究伏爻在何位下後審卦

身有無吉凶然後定休咎法　曰彼來生合我者順也我去生合彼者逆也此爲吉凶之源是故生生之謂易遁變之謂事也　以財爲皮以鬼爲正色若有財有鬼表裏俱備若空伏則輕虛之象有鬼無財則有裡有財無鬼則有表也旺相重大休囚輕小須以同類八卦詳之若生旺則生氣之物休囚則無氣之物也以類推之

古來情　思慮未起　鬼神莫知
不由乎我　更由乎誰

夫易本無八卦只有乾坤本無乾坤只有太易太易者在

天爲日月在地爲水火在人爲耳目鍊其耳而耳自聰修其目而目自明易曰聖人以此洗心退藏於密

達人事　先達人事　後敷卦爻

人事亨通　卦爻自𪗏

眞喜合宅毋必門孕事　隔角鬼青龍無氣動是巳死鬼伏臨酉沖宅長本命主官非牢獄公事　元武臨門勾陳動是失脫事　世應合五爻水土動風水事　卦內鬼鬼沖合生財犯刀砧六畜事　天財帶天火必古失火事恠合見月鬼爲驚恐怪異事　喪車臨恠動人口死不明

事　鬼剋沖基爲宅不安事　鬼剋沖基或合太歲爲起造事　祿馬合月鬼動占謀望事　卦內驛馬旺剋門闘出門事　遷移臨旺沖動問移居事　月鬼陰喜動爲婚人姓怪事　世應和合祿馬帶財問代謀謀事　文書葉朱動五爻重隔角爲代名告狀事　時鬼動沖人口問住宅不安事　來意俱不上卦憑變斷之重主過去交主未來

大抵求財問病官訟出行等事或古得乾卦屬金主四九日見又當合求旺相庫墓三六合六合看四月相應九月

相應的是四月見其發動餘皆倣此

五行生克訣

假如木旺能剋土　若遇休囚火便生　旺相能生禍福

休囚受制不能行

五行類

金四九　木三八　水一六　火二七　土五十　酉四

申九　寅三卯八　子一亥六　巳二午七　辰戌五

丑未十

占姓字　以日配用　四象誰勝

若無象用　姓字何証

卦之剋字以日配用爻兼內外互卦正化體象取勝爲主

然後合成字象

以上問此必是錢字不然則成劉字蓋錢有兩戈劉有鋻

刀故也　再如甲乙日占賊姓得純艮卦土爻體見寅寅

屬木木鬼配甲乙日亦屬木三體相兼爲林字姓也他做

此　但以干配姓以支配合以納音配字取象度量盡其

妙理當愼思之

八卦類

乾爲圓象爲點爲馬爲金玉爲言旁爲頭

坎爲雨頭爲點水爲水目爲小弓旁爲內實外虛屈曲之象

艮爲橫畫爲口手爲門入爲巳田爲山水易旁上尖下大上實下虛

震爲木象爲二七爲竹木爲立畫偏撇上大下尖下虛上實

巽爲甘頭爲揵服爲長畢爲綫絲上長下短爲下點

離爲日旁外實內虛爲中爲戈爲目爲心爲火

坤爲橫畫爲土爲方爲木旁
兌爲金爲日爲鈎爲八字爲巫爲微細
天干類
甲爲木爲田爲甲爲方圓爲有脚爲果頭
乙爲草頭爲反鈎爲弓爲曲
丙爲火爲丿乀上尖下尒
丁爲　爲鈎爲丁爲木出頭字
戊爲土爲戈爲中開之類
巳爲桝土爲牛口爲巳頭爲曲

庚爲金爲庚
辛爲金旁爲辛
壬爲水爲曲爲壬字
癸爲水爲冰旁爲双頭

地支類

子爲水旁爲子爲鼠
丑爲土爲丑爲横畫爲牛
寅爲木爲山爲宗爲寅字爲虎
卯爲木爲安頭爲卯字爲兔

辰爲土爲艮字典爲長意爲龍
巳爲火旁爲巳字爲屈曲爲蛇
午爲火爲日爲干字爲不字爲失字頭爲馬
未爲土爲來字爲多畫爲木旁爲羊
申爲金爲車旁爲猴
酉爲金爲而旁爲目旁爲堅峒旁爲雞
戌爲土爲戌爲戍字爲犬
亥爲水爲綾絲頭爲猪

五行類

水爲點水爲曲爲一六數
火爲火旁爲上尖下濶爲二七數
木爲木旁爲步頭爲竹頭爲八十字象爲三八數
金爲金旁爲合字爲横畫爲四九數
土爲土旁爲横畫爲五十數

占法卦數

變卦離　巳官　未父　酉兄　亥子　丑父　卯官
一世　口飛龍寅剋覓六一　一應　口昜龍酉剋覓六一
正卦乾　戌父青　申兄元　午官白　辰父螣　寅才勾　子子朱

假如乙丑年父辛巳月官丁酉日兄丁未時父占得乾之離卦

一占來情以心易數於有易卦我觸以干祿之機甚吉反施乾之九五飛龍在天利見大人而下兆有見龍在田統思卦象乾健化離出涕沱若戚嗟若黃離元吉復以六親法卦中多者取來情惟此印綬爻多卽知來者占求官也

一占家宅卦中兩重父母及年與時兩重初夏占其土絶當知其屋舊象可存四重或二重房其三用辰之屋在內却乃日旬空己兼以君子終日乾乾夕惕若厲無咎離之

九三日昃之離之爻爲鬼必此一重非言嗟則大耋長上
九壬戌之屋高值青龍貴之星可住奈九二甲寅財動
青龍修中有剋乾之上九亢龍有悔離之上九有嘉折首
兼以鬼庫在戌雖有寅亥相合亦歲君丑刑戌此屋必因
女人或財事破毀止有年時及化離丑未四屋零星冲散
復成之象否則弃其原而重整其屋且此土爻爲屋是前
一代午火生來午火亦是前二代寅木生來寅木又是前
三代子水生來子水却是前四代申金生來其申金乾化
離卦申金受剋及其丑年爲墓巳月火令爲殺當知此代

消散幸有化出巳未及占時丁未生扶易辭又吉後復無
妨
一占祖父屬火官四月占當主加四但火未盛止以本數
二泒爲吉
一占父母屬土本卦二重年時二重本土數五甚夏初占
絕滅止二泒半吉
一占夫妻寅木發動及由金兄弟爻動初夏木病金生主
剋木數三當減則二個吉
一占子爻甲子水初夏水絕主一個吉

一占孫爻屬本主三初夏雖盛將衰終減一數
一占竈宜才子爻方此卦東比西比才子地吉雖同以兄弟爻論安靜吉隨才子爻利
一占六畜官鬼持世處不吉壬午鬼在四位其四爻以羊爲論則當損羊其餘畜養宜財子方吉
一占官符壬午九四安靜兼合戌世爲吉
一占火盜元武臨申兄弟刼財七月忌盜朱雀臨甲子福德火沈水底無事
一占墓墳隨用位而言九五壬申是爻位之墳兄弟發動

必主遷移若問父墳以千爻墓辰九三爻是乃知不高不低之所可以類推生世吉刑冲破害凶今辰戌巳亥冲剋父墳欠利

一占時下災福當以乾金爲主見亥子水爲子孫有生旺吉扶王親喜作樂逢王則見僧道遇乙午日爲官鬼王客至龍凶殺主見惡人遇吉神則喜客至逢辰戌月日爲剛殺臨龍德喜神有文書交易何凶神主詞訟交爭逢申酉比肩之月日凶則失可口舌吉則朋友講言逢寅卯妻財吉則飲食宴樂凶則破傷印綬

一占大小限五歲行一爻初從世爻起陽順陰逆此卦出在上九五歲至世青龍剋世喜中小滯六歲至十歲行初九逢福德雖日潛龍亦吉之兆十一歲至十五行九二用爻雖云寅午戌相合終是合中有剋世之嫌況其爻動命在須臾餘倣此

一占婚姻兄動剋妻財動傷翁不吉

一占形色內卦為心外卦為貌此卦占人頭大貌圓心事寬大若占子爻貌爻屬水貌水臨于朱雀其子必是貪酒多口舌之徒水之貌清秀朱雀則紅潤餘類推

一占求官易辭本吉甲寅財動傷文壬申兄動有阻值待午火官辰土印綬年可求吉

一占蠶初爲蠶種子孫臨剋九二財爻發動蠶苗大旺九三辰爻平平九四火官出巽火時火鬼旺不吉九五上臨比肩爻動刦財不利

一占疾病壬午火鬼正值九四爻火鬼主熱若占父母其九二木財發動必傷卒九五金一制其病可痊但奔逆未脫餘類推

一占姓字水一火二木三金四土五隨辭即識其占卦之

日丁酉以金配火鬼酉四火二其名則六爻爲凶爲之各以酉日合乾離火鬼重離却成昌字若發動剋日剋世同鬼論之

一占求財九二財動求之必有九五比肩爻動見而未得也買賣同此推之

一占出行財動本吉元武值乎比肩臨在道路主盜失財行人同忌

一占行人歸期本用寅日或寅日到因兄弟動有阻遇何方來

一占怪異螣蛇臨于九三猪獺之怪主子孫不安財動主失財兄動反成驚恐

一占遷居財動兄發須防破妻剋

一占襲身財官兩見內外俱寶乾離本圓其辰戌相沖則破舂末夏初財鬼兩旺則銅錢之象

一占謁人世應比和本爲大吉奈辰戌相沖財兄俱動送物不納反成虛驚

一占失走其卦世在上九走遠其世爲方在戌地其應[illegible]所値父母在父母之家若占失財財動必出若占人[illegible]

動不見

一占產自乾在內化離本易生奈兄鬼財動產難之兆

一占晴雨木財動而風多壬水發而雨動只爲乾化離不久當晴

易道心性

易道逐心　出于混元

大道逐性　出于神仙

易本逐心天地合體陰陽假神出于混元一得一失皆在日月盈虧一離一合皆從無而立有故易本逐心人靈神輔顯明在乎信　吉凶在乎人

或問易道逐心何也答曰心要至虛至靈以誠信爲主而占卜存心道性不可一毫私念起於中取用爻象在乎果決不要狐疑妙處當以心會神領有不可言傳者也如此則神靈輔助隨吾取舍而用之自然靈驗矣故易道逐心

又曰麻衣六親各有所主以世應日月飛伏動靜曉此道理刻期而應復以剋合刑害墓旺空沖知此八宗與神與通

邵堯夫詩曰

吉凶只在面前決

禍福無勞口後知
從此敢開天地口
老夫非是愛吟詩

火珠林跋

案火珠林見於宋馬端臨通考經籍志者一卷陳氏曰無名氏今賣卜擲錢占卦悉用此書宋史藝文志載六十四卦火珠林一卷注不知作者朱子語類曰今人以三錢當揲蓍乃漢焦贛京房之學文云卜卦之錢用甲子起卦始於京房項平甫亦云以京易考之世所傳火珠林即其遺法火珠林即交單重拆也荆溪任釣臺婺源江慎修諸儒亦以後天八卦變六十四卦即今火珠林法則火珠林爲自宋流傳之書信矣顧通考宋志俱不知撰人氏

題麻衣道者著攷麻衣唐末宋初人苟其所著皆爲[illegible][illegible]不知且卜筮元龜係宋以後之書篇中何由援引篇末問答不應自稱名而繫邵子之詩豈古有是書後世術家假名而附益之歟然其論斷以財官伏五鄉而定吉凶以世爻飛伏爲準以干占天支占人納甲占地公私兩用專取財官徵而顯簡而賅一滴眞金源流天造非挾易傳洞林之秘鑰者不能也今卜師筮人惟知俗傳易冒易林易隱及增删卜易卜筮正宗諸書占事十無九驗若讀是刻而精研之出而垂簾都市當必有詑管輅復生嚴遵再出者

矣然則世回有能作是書者乎雖非麻衣是即麻衣之徒也已

大清道光四年歲在甲申仲春月上浣白嶽麓生程芝雲識於湘湖之小輸廖館

漢鏡齋祕書四種

泰華圖書館印行

民國十年
仲秋出版

火珠林

汪君好飲故號醉叟精繪事而吝于自名故不常作所飲後多豪興淋漓揮毫雲烟即壁都成佳妙且姿高法古於先賢堂室乏升不入前有百尺樓大觀樓等叢画行世早已蜚聲藝林今本主人復其歷年得意之作並商假其收藏古今名家原底画稿合成此帙付之剞劂以餉世之好丹青者共八冊（山水）（人物）（仕女）（花草）（領毛）（昆虫）等等以次類別誠薈萃道子摩詰迶鷟戴嵩諸人之長彩一編詺之大觀詳曰不宜每部定價一元六角殊盤核數希世美珍倫後學之規模俾公同好當共寶之

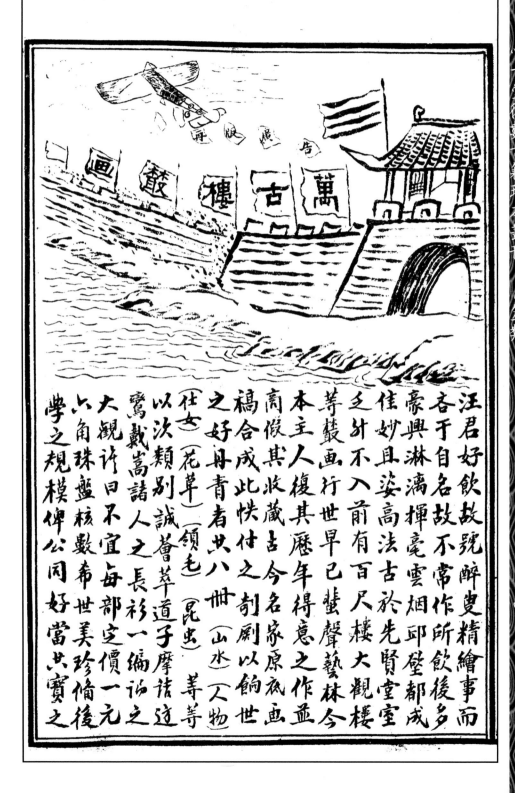

火珠林序

易以卜筮尚其占該括萬變神矣妙矣繼自四聖人後易卜以錢代蓍法後天八宮卦變以致用寔補前人未備之一端見京房易傳未詳始自何人先賢云後天八宮卦變六十四卦即火珠林法則是書當為錢卜所宗仰也特派衍支分人爭著述炫奇標異原旨反晦今得麻衣道者鈔本反覆詳究其論六親才官輔助合世應日月飛伏動靜竝克害刑合墓旺空冲以定斷與時傳易卜同中有異古法可參如所云卦定根源六親為主爻究傍通五行而取即京君明海底眼不離元宮五向推之旨也又云惟以財官伏五鄉而定吉凶以世下伏爻為的即郭景純飛伏神以世爻為準卦卦宜詳審之之訣也中間條解詳明圓機獨握蓋易貴通變尤貴充微是書絜淨精微真易卜之正義也至神而明之存乎其人是在善於學易者古歙吳智臨序

火珠林跋

案火珠林見於宋馬端臨通考經籍志者一卷陳氏曰無名氏今賣卜擲錢占卦悉用此書宋史藝文志載六十四卦火珠林一卷注不知作者朱子語類曰今人以三錢當揲蓍乃漢焦贛京房之學又云卜卦之錢用甲子起卦始於京房項平甫亦云以京易考之世所傳火珠林即其遺法火珠林即交單重交也荊溪任釣臺婺源江慎修諸儒亦以後天八卦變六十四卦即今火珠林法則火珠林為自宋流傳之書信矣顧通考宋志俱不知撰人名氏是本題麻衣道者著考麻衣唐末宋初人苟其所著宋人何以不知且卜筮元龜係宋以後之書篇中何由援引篇末問答不應自稱名而繫邵子之詩豈古有是書後世術家假名而附益之歟然其論斷以財官伏五鄉而定吉凶以世爻飛伏為準以干占天支占人納甲占地公私兩用專取財官微而顯簡而該一滴真金源流天造非抉易傳洞林之秘鑰者不能也今卜師筮人惟知俗傳易冒易林易隱及增刪卜易卜筮正宗諸書占事十無九驗若讀是刻而精研之出而垂簾都市當必有詫管輅復生嚴遵再出者矣然則世固有能作是書者乎雖非麻衣是即麻衣之徒也已

大清道光四年歲在甲申仲春月上浣白嶽麋生程芝雲識於湘湖之小輸廖館

火珠林

麻衣道者著　　休陽程芝雲珊坪氏校正

易中明義

四營成易　八卦為體

三才變化　六爻為義

註云書有三而異用卦皆八以為經一曰連山二曰歸藏三曰周易自秦焚書坑儒連山歸藏不傳於世矣又云一曰治天下二曰論長生三曰卜吉凶夫三才者天干為上能占九天之外日月星辰風雷雲雨陰晴之事地支為中能占九地之上山川草木人倫吉凶否泰存亡之事納音為下能占九泉之下幽冥虛無六道四生之事夫乾坤二體各生三索而為六子六子配合而成八卦八卦上下變通遂成六十四卦夫易本無八卦只有乾坤本無乾坤只有太易易者在天為日月在地為陰陽在人為心目煉其心而心自靈脩其目而目自見先達人事後斅卦爻人事變通卦爻自曉吉凶應驗歷歷不爽矣

或問何謂四營成易答曰易有太極是生兩儀兩儀生四象四象生八卦所謂四營成易也

又問納音為下能占九泉六通四生虛無等事答曰六十甲子生成變化而行鬼神是故天干管天文地支管人事納音管地理如乾初爻甲子動占天文主風占人事主子孫六畜花木酒饌憂喜等事占地理主穴中有石之類如占葬地得姤之鼎卦掘地五尺土中有石其色大赤離穴四十步西南近柳樹當有伏屍葬出刀傷之人并主火災問曰如何斷之答曰世持辛丑土伏甲子金世下伏金是土中有石也巽下伏乾是乾為大赤也第五爻壬申化巳未火火剋

木宮爲鬼是伏屍鬼申化來是西南方也掘下五尺見石者土類五也離穴四十步有伏屍者壬申金金數四加丑未土類五二五成十併申金四是四十步也出刀傷人者壬申乃劍鋒金也主火災者巳未化火未尅辛丑世也樹傍者巳未火鬼與壬午木合住壬午乃楊柳木也

又請占祟例爲式答曰如遯之姤卦此卦是子孫鬼一男一女爲釵釧狙物等事來沈滯男兒赤性燥女兒潔白性剛其墳墓現在西北恐有動犯告之則吉問曰何以知之曰二爻丙午火是鬼化辛亥水是子孫丙午納音屬水化辛亥又屬水如二乾宮子孫故曰子孫鬼也一男丙午一女辛亥也火主赤金主白火燥金剛皆以五行之性言之也爲釵釧者辛亥乃釵釧金也也言墳墓在西北者火墓在戌又火絕在亥亥西北也墓有犯者艮屬土化巽爲木木去尅土山

六親根源

卦定根源　六親爲主
爻究傍通　五行而取

註云根源者八卦之宮主也而元有六親傍通者六爻之飛象也而上下相乘五行者金木水火土也而定四時六親者主宮也六爻父子兄弟妻財官鬼定一宮管八卦七卦皆從一宮出傍通者上下宮飛象六爻也蓋本宮在下爲伏之六親傍宮在上爲飛之六親如六壬課有天盤地盤先看六親之下後看六親之上所乘得何爻而辨吉凶存亡也

或問六親爲主父母兄弟妻財子孫官鬼止有五件而曰六親何也答曰卦身當一親曰如何爲卦身曰陽世則從子月起陰世還當午月生此即卦身也而元龜以月卦言之所以吉凶不

應曰卦身亦主甚吉凶曰如本卦世空却去看身豈為無用　又問何謂傍通曰本宮之六親在飛象之下為之親爻為之伏神傍宮之飛象加伏神之上為飛象親爻世下之爻為伏知飛伏二爻之來歷然後可與言八卦六親矣

財官輔助

財官異路　可辨五鄉
用有輔助　類可忖量

註云財者妻財官者官鬼是故至柔者財至剛者鬼而有輔體輔體者用官鬼以父母輔之用妻財以子孫輔之值旺相為有氣休囚為無氣得生扶為吉剋破為凶

春	寅卯木旺	巳午火相	亥子水休	申酉金囚	辰戌丑未土死
夏	巳午火旺	辰戌丑未土相	寅卯木休	亥子水囚	申酉金死
秋	申酉金旺	亥子水相	辰戌丑未土休	巳午火囚	寅卯木死
冬	亥子水旺	寅卯木相	申酉金休	辰戌丑未土囚	巳午火死

獨發亂動

獨發易取　亂動難尋
先看世應　後審淺深

註云亂動之法思之最難　一看世上傍爻生財旺相忌應爻剋世　二看世下親爻財官喜靜　三看何爻最旺為用神如發動動要生世　四看獨發之爻旺相最急休囚事慢

官用　官鬼為主　伏旺動生世者出現發動看變得何爻　父母為輔　喜生現發動者

凡官鬼父母乘旺相俱動大吉

私用 妻財為主 伏旺動生世者忌伏鬼下并出現發動 子孫為輔 喜旺相發動者
凡財官乘旺相俱動公私兩用皆可成

或問世上傍爻生財旺相下面註云忌應動剋世不知剋世上何爻 又問忽有亂動卦世上與財官持世如何斷答曰豈不見又言二看世下親爻財官喜靜蓋旁爻無財官便去搜尋伏神之財官 又問既言世上財官是伏藏者本靜何故言喜靜曰汝看誤矣世下親爻本靜或有冲剋即非靜故曰喜靜蓋不欲亂動之爻去冲剋之也 又問三看何爻最旺為用神而註云發動要生世何為用神何為發動曰亂動之卦只取旺爻旺爻即用神也生剋吉凶皆在此爻若伏藏安靜要旺相若發動却要生世之爻為用神又不專泥旺相爻也 又問何謂伏旺生世者曰用此已分明人自不察耳伏爻要旺相動爻要生世官用取官私用取私如上篇却要輔助之爻動發時人併作一句讀之所以失其義也

旁爻持世 旺相得地

世應相克

應與動爻 不剋方是

占財 子孫旺相 妻財持世

占官 父母旺相 官鬼持世

已上皆可許忌應爻動爻剋之

世爻乃我家情由 應爻為彼之事理

或問應與動爻不剋方是竟不知剋甚爻答曰汝道不知剋甚爻不剋輔爻耳 又問忌動爻

應爻墓剋之如何曰占財要財爻持世占官要官爻持世若應爻是世之墓動爻是世之墓皆不中矣墓是自墓剋是自剋

公私用事　陰陽男女　次第推排
官用取官　私用取財

占病鬼祟　占失看賊　占求官事　占官詞訟　占婚問夫　已上皆看官爻
占買賣財　占家化事　占婚姻事　占求財事　占婚姻事　已上皆看財爻

或問言公私用事止言財官而不及父子兄弟何也答曰天下之事散而言之紛若物色總而言之不出財官二字占官必用父母占財必用子孫兄弟是破財之人不為主不為輔何必看也

凡卜筮者但用心於財官則括天下之理此法簡而最捷若分爻劈脈瑣碎求之則萬物紛然無以折衷用心多功力少元龜六神之類是也故吾捷法惟以財官伏五鄉而定吉凶自然神妙

出現伏藏
出現旺相　為久為遠
伏藏有氣　只利暫時

出現為重疊為再用為兩事財官兩事出現旺相可宜久遠若持世忌動　伏藏旺相更看日辰透出或伏世下可取雖成只利暫時不能久遠也

或問出現為重疊為再用為兩事何也答曰且如乾卦為主後七卦皆從乾卦中來其出現財

是伏藏中而又出現也豈是重疊乎故取占事爲再用爲兩事　又問伏藏有氣只利暫時答曰本宮財宮伏世下方可取不伏世下則不取也旁爻財官非也必要細看不可忽

占財伏鬼

財伏鬼鄉　買賣遭喪
日辰福德　方始榮昌

財爻伏官鬼之下乃財爻泄鬼無氣須是子孫旺相透出日辰或持世上方有蓋子孫能剋官鬼也

或問兄弟能剋財官鬼不傷財官鬼剋兄弟何故買賣遭喪答曰不曉其理則斷卦不靈財伏鬼鄉財則去生官財爻泄氣況用財以子孫爲輔官鬼生父父去剋子財爻內外受傷故買賣不能獲利反能傷財若日辰是子孫子能生財剋去官鬼日辰是財財能剋父使得出現亦有財也

占財伏兄

用財伏兄　口舌相侵
若在世下　旺相可成

財伏兄弟之下本無氣無財卻喜財爻旺相貼世下透出值日辰方有

或問用財伏兄口舌相侵矣緣何在世下又旺相可成答曰財伏在兄弟爻下是財被他人把住故生口舌若伏世下世持兄弟我去剋財財又旺相豈得不成乎

財伏父子

財伏父母　旺相得半
財伏子孫　有氣必滿

財爻旺相伏父母爻下求財有一半　財伏子孫之下世應不剋終是有財　若子孫旺父母爻持世應亦不能剋子孫求財亦有

或問財伏父母旺相得半不審何故符曰用財須子能輔財財伏父下則子不能生財矣止有本等財故曰一半　又問財伏子孫世應不剋久必有財是不剋何爻曰不剋子孫爻也故下云若子孫旺相縱父母持世應亦不能剋子孫求財亦有也

占鬼伏兄

用鬼伏兄　同類欺淩
若不虛詐　人不一心

官鬼伏兄之下為同類欺淩不忠若官鬼旺相喜持世透出日辰吉

或問用鬼伏兄答曰兄為虛詐為口舌又與同類為劫財占官事而鬼伏兄主同類欺淩官府多詐吏貼賺錢所謀之事到底脫空若旁爻官鬼旺相持世日辰是官鬼方可用蓋官鬼能剋兄也

占鬼伏財

鬼伏財鄉　因財有傷
官吏阻節　獨發乖張

鬼伏財下因財不吉官吏阻節須是官鬼旺相伏世下或與父爻俱透出直日辰方許又忌獨發

或問財能生官何故因財有傷答曰財固生官但用官為主必用輔之父母為文書官伏財下財去剋了文書主官人要錢文書有阻　若官爻伏財是世下或父母透出直日辰如此可用

若父母持世獨發則重疊艱辛事不濟矣

官伏父母　鬼伏父母　舉狀經官
　　　　　若財世上　求之不難

鬼伏父下爲官化文書要貼世或官鬼旺相或文書直日利經官下狀及補名目之事
或問鬼伏父母如何處用答曰鬼伏父母若在世下方利下狀趲補名目事若在他處則亦艱辛矣蓋父母爲重疊神也

官伏子孫　鬼伏子孫　去路無門
　　　　　官乘旺相　透出可分

鬼伏子孫只宜散憂若用官須是官鬼旺相透出直日辰方可　若子孫旺相占看失病即死
或問官伏子孫去路無門答曰如羝羊觸藩不能進退若官爻旺相在世下世上旁爻子孫無氣落空則不如此斷倘子孫旺相官爻無氣落空亦不如此看可斷有人關節或官吏阻滯而已

官鬼伏官　官鬼伏官　小人作難
　　　　　若親見賢　方許開顏

若官伏鬼下乃關格之象又主小人作難若得旺相相扶親見貴人可就
或問鬼伏官下乃關隔之象主小人作難何也答曰親爻官鬼是貴人也旁爻官鬼是吏貼也官人被吏貼遮蔽不能出現此所以小人作難也　又問若親見貴人如何又得開顏曰凡用

官伏官皆被旁爻所隔若用官伏官之卦但世爻動化官鬼父母故宜動身親去見官官則用爻之神父則輔助之物於官有益不至相傷所以開顏也

出現重疊

出現重疊　還須旺相
若乘土爻　更看勾象

世爻出現乘父母官鬼子孫妻財旺相可取休囚不可取若乘辰戌丑未更看勾合何爻也假令大有卦甲辰父母持世為雜氣能勾申子辰化水局子孫不宜官用

或問更看勾象如何看答曰 如火天大有能勾申子辰水局傷官者以甲辰土父墓持世也若不乘土爻便不看勾象矣　又如隨卦世持庚辰能勾申子辰合水局利幹文書之事　若中孚卦世持辛未宮墓不能勾亥卯未官局以艮宮親爻寅木是官卯木非官也

子孫獨發

子孫獨發　為退為散
若乘旺相　亦可求財

子孫為傷官之神發動利脫事若乘旺相亦可求財出現更看變爻子孫又為九流中貴福德醫藥蠶禽乾和尚震道士兑尼姑巽道姑坎醫藥離小士艮法術坤師巫

或問乾和尚如何說曰乾為圓為首和尚圓頂象天也又問子為和尚曰子孫在乾宮其類神乃為和尚也餘以類推之

兄弟獨發

兄弟獨發　為詐為虛
若乘旺相　財破嗟吁

兄弟為刼財之神大忌隱伏動發主虛詐不實之事凶不凶吉不吉若旺相主口舌憂疑破財如出現發動更看變得何如大怕化鬼爻凶

或問兄弟為刼財之神大忌隱伏發動何也答曰隱伏看兄弟伏在世爻下也不伏世爻下非為隱伏動發者兄弟獨發也

父母獨發

父母獨發　重疊艱辛
若乘旺相　文書可成

父母為重疊之神大忌出現發動若遺補名關求書劄取契得旺相動發可成若坐休囚不可憑準矣

或問父母為重疊之神何故為重疊答曰凡六親祇有一重惟父母有兩重如祖父母父母也故父母發動重疊艱辛　又問如坐休囚不可準憑曰父母發動旺相尚自重疊艱辛若休囚豈可憑乎

附動止章　凡占官上馬看文書爻入墓絕日去墓藏也絕止也占自身或占父在外欲回家看世爻絕墓日動身又看世持甚爻待日辰沖便歸如卦中化出爻來生合世爻或去刑剋沖害世爻便是此事搭住如財爻是婦人類

官鬼獨發

官鬼獨發　為欺為盜
若臨吉神　功名可望

官鬼為官吏若求名遇吉神必主立身清高若臨凶神必主興訟賊盜弄魅害人之事

妻財獨發

妻財獨發　生鬼傷父
問病難瘳　占親無路

大抵財動剋父亦能生鬼然財爻宜旺不宜空宜靜不宜動惟占脫貨要財爻發動如占婚姻財動必剋翁姑占訟主剋文書若財鬼俱動者父有元神而翁姑不剋文書有成

已上專論五鄉公私兩用為卜易者提綱捷訣也

占身命

世爻為命　月卦為身
得則富貴　失則賤貧

人之身命冬至後占得陽卦陽爻為吉假如正月占得二月卦為進更加旺相祿馬有子有財居於有德之位誠為有福貴人如冬至占得陰卦陰爻不吉正月占得十二月卦為退兼以相刑相剋休囚又無財無子坐於不吉之爻則為貧賤下命俱以得時為吉失時為凶也

占形性

外卦為形　內卦為性
若占其人　以用而定

以外卦為形貌　內卦為性情　乾在外頭大面圓逢剋則破相在內則心寬見量大　兌在外則和說多言在內則心小膽大　離在外文彩在內聰明　震在外身長有鬚在內心暴不定　巽在外身長有鬚在內心毒而忍安身不穩　坎在外形黑活動在內心險多智　艮在外其頭土尖下大在內心志固執　坤在外厚重在內主靜逢凶則魯鈍　再以五行隨卦之金木水火土通論　金為人潔白貞廉骨細月膩聲音響亮為性不受激觸處事多能好學好酒好

歌唱如帶殺重乃武夫或多武藝　木主人物修長聲音暢快鬚髮美眉目秀坐立身多欹側為事窒塞無通變之謀如死絶則人物瘦小髮黃眉結柔語細聲不能自立之人也　水為人背小團面色或焦行動搖擺為性大寬小急處事無定見喜淫好酒少誠實若帶吉神貴福者乃志量廣大包含宇宙之才也　火人面貌上尖下濶印堂窄鼻露竅精神閃爍語言急速性燥聲焦其色赤或青不定坐須搖膝立不移時臨事敏速旺乃聰明文章之士　土人頭圓面方背方腹濶為性持重處事沈詳語言簡默動止不輕如遇墓絶乃塊然一物無智無謀無能之愚人也　論女人性形　金財端正德貞潔美貌團團似明月心性聰明針指高肌膚一片陽春雪　木財嬌態賸仙娃能梳雲鬢似堆鴉身體修長眉眼秀金蓮慢把翠臺遮　水性為人多變更未有風來浪自生若加元武咸池併巧似楊妃體態輕　火財為人心性急未有事時言便出鬢髮焦黃骨月枯夫婦和諧難兩立　土財不短亦不長絶美人才面色黃若逢吉曜生佳子性慢言慳福壽昌

大小二限　從初世起

占運限

陽順陰逆　六位周流

卦之大限以陽世為順陰世為逆陽順則自世而上陰逆則自世而下每一爻管五年周而復始逢生令則吉遇刑傷則凶　其小限一年一位周流而已　假如丁酉七月甲午己巳時占得大壯自一歲在世上至六歲與十歲在六五至十一歲在上六至十六在初九二十一在九二二十六在九三甲辰比肩但二十七歲小限在上六故曰大小二限併兄弟必以先傷妻後

後破財餘倣此　又有以本體為初互體為中化體為末者　又有以本卦管三十年每爻五年以之卦管三十年每爻五年學者亦可參之

占婚姻

喜合婚姻　世應宜靜
財官旺相　婚姻可成

世應有動便不成男家娶妻看財爻代占同女家嫁夫用鬼爻忌動出現怕冲若旺相可成世應相尅不久世夫應婦又看何人占之占夫忌子孫發動子孫持世不成占妻忌兄弟發動兄弟持世不成間爻為媒父母為三堂子孫為嗣宜靜卦無子孫不歡喜

或問世應有動便不成何也答曰世動男家進退應動女家不肯世應有空亦然　問忌二字動忌何爻動也曰財官二字　何為三堂父母兄弟子孫也　凡財爻與兄弟合此婦不廉五爻持鬼此婦貌醜財伏墓下主生離死別財伏鬼下主婦人帶疾兄伏鬼亦然財伏兄下主婦人淫蕩鬼伏兄下主男子賭博身爻值鬼主帶暗疾此又不傳之妙　占妻看財爻宜靜占夫看官爻宜靜陽宮端正陰宮醜陋在飛上應頭面四肢在飛下應拙不穩男占得震巽主再婚女占得坎離主再嫁妻在間爻女有親為主婚夫在間爻男有親為主婚但得時旺相皆許成出現忌日冲世動男不肯應動女生疑用神如發動成也見分離間動有阻隔或是媒人作鬼如占女人姸醜第五爻為面部如財福旺相持之絕色父母次之兄弟持之貌醜陋不姸　上六爻為頭髮如火坐之主鬢髮焦黃色看大脚小脚專看初爻初爻是陽主大脚初爻是陰主小脚重化折半扎脚交化單先纏後放

附占婢妾專以財爻為主象財爻旺相便吉若動出官來主生病招訟動出兄來主口舌若兄爻財爻合作主有外情不良如有爻象與財爻三刑六害必主因此成訟財化子性善財化官帶疾財化兄主淫蕩不良財化父老成財化子性遲緩不管事　定婦人女子看財福二爻生身世無冲尅是女子財福生官兄或官兄旺動是婦人

凡占僱取僕從亦用財爻為主象財不可太過又不可無財並空亡若如此慵懶不向前子化財為人純善鬼化財帶疾兄化財不真實多說謊瞞騙人家父化財性重作事穩財化兄多淫蕩難托財又看身爻身是鬼主有疾身是父主識字身是兄多說謊身是子主慈善身是財最如化出鬼主生病招口舌化出兄主口舌不穩

占孕産

孕看財爻　胎加龍喜
旺相為男　休囚是女

産孕須尋龍喜胎神白虎臨於妻財旺相為男休囚是女　乾兑坎離在下卦主順生震巽艮坤在下卦主逆産蓋乾首兑口坎耳離目在下為順以震足巽股艮手坤腹在下為逆也　假令乾宮子孫以水長生在申到午為胎爻三合寅午戌三日丙生也　要知男女胎爻屬陽生男胎爻屬陰生女坤卦六爻安靜生男此乃陰極動而生陽又不可專泥也　凡古者娘看間爻持財子老娘手段高持父兄官手段低占奶子看財爻旺相有乳食財爻無氣或空乳少

占科舉

科舉功名　干求進職
皆取官爻　旺相必得

凡占赴試謁貴面君參官到部謀幹等事看世上有無文書若父母旺相可許但官爻旺相便吉忌子孫持世不中占赴任子孫持世或獨發必不滿任也

或問看世上有無文書何也答曰此專用官為主用父為輔所以要父母在世上也以文書為主要文書持世無刑尅太歲貼身必作部長　凡占試以鬼為主看伏在何爻下要日辰生扶合出且如春占剝卦官在文書爻下有氣日辰合出主試中式求職請判宜官鬼出現忌動發在任宜鬼靜鬼發有動子動有替　若六爻中只一爻動最急兄動事不實難成若現有氣可速成怕落空易云動爻急如火次或出現文書與貴人但卦中元無或不入卦或落空其事難官與文書俱旺相亦要持世方可成應爻不尅事體分明乾兌坎宮謀事不一見官用動其人多出見亦生嗔

占謁貴

官鬼為主　世我應彼

世應相生　得遇和喜

凡占謁見以外卦取外陽爻可見外陰爻不見陰鬼陽世再見陽鬼陰世已外出　出現在家忌外卦獨發伏藏應動皆不見看財爻旺相出現忌動用官看官爻忌世應坐鬼又須問見何人看用爻為主　謁見用爻出現旺相不動在家若空冲散不在世應相生合則吉相尅必凶世尅應或尅用爻皆致怨之象當俯仰小心應尅世或用爻尅世雖皆願見亦憂刑應用相尅不及相生也卦有身相見更看用爻用爻生身尤好卦無身又無用爻或用爻空亡終不見

占買賣

財福出現　買賣必利

世應相生　　交易可成

卦占買賣惟要財福出現如無不利若是兄宮發動於上爻必知地頭不吉凶殺洎四五逢路坎坷多　財爻持世尅身得利發動尅身亦利外剋內應克世易得財內剋外世尅應難得利　內旺相外無氣其物先貴後賤　財旺相主貴宜賣財休囚主賤宜買　兄財不利鬼動賊發月建臨財則吉官鬼臨庫公財吉私財凶　卦有二身三身者財當與人分共本宮鬼化財可求本宮財化鬼防失

占求財

財來扶世　　求之不難
財空鬼旺　　千水萬山

卦之占財要財福旺相無則不吉　世爻旺相剋應徵索可得財以剋為索物也故青龍上臨月合吉神并世應而六位有財可得白虎臨財已先嗔臨應他先嗔比和則無關鬼動則必經營也應生世雖無財亦可求外生內應生世或比和不落空者雖未有尚有還財子爻動彼自不還死氣財必長生日得外尅內卦宜出財內剋外卦宜入財　將本求利須要財爻持世應旺相有氣乃大吉財爻無氣雖有亦無多財爻空亡其財決無尤防破失財爻生旺可倍加休囚減半逢沖將入手有阻　空手求財雖有財爻却要鬼旺方為全吉如財爻旺相卦中無鬼雖財可求實無可得若有鬼無財雖有高術亦不得財二者必用二全方為大吉父母化財先難後易財化父母先易後難財化兄弟先聚後散兄弟化財先散後聚　前卦有財後卦無財速謀有得遲則無前卦無財後卦有財遲取方有目下未值財之多寡須憑爻之衰旺決之

子孫為財之源若加青龍發動不問財爻衰旺決可求謀乃大吉之兆父母動則子受傷不能生財財源已絕若遇白虎同登凶縱其財旺生合世爻止許一度不可再圖　世為我若財來生我尅我皆吉乃易得之象若我尅財爻謂之尅退財靜猶可若動如入下逐高不能及也若世安靜財爻發動生我尅我此財來逐我之象決主易求　看得財日須與日辰合方得入手若旺相之財墓日可得無氣之財生旺日乃得也

占博戲　博戲門禽　福旺物真

財為利息　鬼動不贏

世應見鬼爻皆敗乃彼我不得地世旺尅應我勝應旺尅世彼勝子孫妻財喜扶世我勝子孫旺相喜動

或問妻為我物鬼為彼蟲如何取用答曰此言門禽蟲也若轉變之事則不一同專要子孫持世旺相或獨發便贏若鬼兄財爻動便輸要知當日俱以時辰取福德言之　要知取何爻財但向五鄉取何爻若旺者便是此捷法也問父動衝撞多兄弟動多門鬼財動必輸

占出行　遠行出入　財旺大吉

鬼旺多凶　持身最吉

財為行李子為喜悅凡鬼爻持世兄弟獨發鬼爻旺相鬼墓貼身遊魂入純皆不可出行

或問遊魂入純皆不可出行如何答曰遊魂主忘返入純主賓不和故不利出入也　動官行世應俱動宜速行旁爻動利行遲入純不宜遠行世墓方大忌　要看第五爻持世為緊但宜

財爻子孫持世或旺相動變好只怕鬼兄動世爻化入墓化出兄鬼主有口舌或主病世空去不成或動爻冲剋世爻便斷此人傷我如鬼爻鬼賊官事兄爻口舌是非父爻船事不便或文書等事財爻動當有財物之喜子孫動或化子孫去有財喜

占行人

行人用財　鬼動必災
應爻坐鬼　無透不來

但以財為用親爻為行人旁爻為音信持世立至遠三日近當日財爻出現旺相來速休囚來遲財爻伏藏旺相直日便至旺相不直日未來財爻出現旺相直墓月分方歸大忌應爻坐鬼兄弟須是日日辰透出安静以財生旺日到亂動以父母生旺日到　初爻為足二爻為身身足俱動來速第三爻動難得來父母為信

或問親爻為行人何為親爻答曰財爻也乃本宮之財非旁爻財也旁爻之財但為信而本宮之財為行人　又問三爻動如何難得便來答曰第三爻化出財旺乘爻相動便到世空行人便至應空未有歸期　占家親在外以墓為歸若爻神出現無日辰刑剋行人可待若在遠路看用爻值月何建以審行人應空過一旬歸魂卦世動不來或別處去　凡占必用爻三合日歸如子爻為用神取辰日回如不回申日回申子辰三合也遇空不取　若用人世墓亦主回應空有阻未至世空便到應持鬼去遠子孫財爻持世遠三日近二日回第五爻動出財來或子孫來行人在路了　應動行人發身了亦看動出何爻宮鬼主有病兄弟主口舌或無盤費父母動船中有事主有信財動使至鬼爻旺相官事擔任

占逃亡

逃亡看世　動物出　失物看財　世動難來

凡占人逃去歸魂自歸入純卦在親友家一二三世易尋四五世難尋內動近外動遠　占六畜小兒看子孫失物看財應不動財不動兄不動財不空鬼不發或伏藏可見之象已上雖可尋若卜得坤艮宮財在大路亦不能尋矣　更問失何物若失文書牌號當以父母爻取

或問世爻動如何難來卜入純卦何故在親友家答曰外卦是六親出現也　又問一二三世易尋何也曰一二三世下爻去冲應又外卦出現故曰易尋也又問　世在五六爻難尋者曰外卦伏藏也遊魂主去遠歸魂主自歸

逃亡　世宮為方　應宮為所
方位　歸魂入純　互換宮取

世爻之宮為方一爻獨發方可取方歸魂入純以換卦宮取乾互坤坎互離艮互兌乾艮宮在山　坎近水　兌奴婢家　大怕鬼爻持世應變出現鬼爻乘旺相凶

或問世宮為方何也曰如天風姤卦辛丑持世巽宮乃東南方也　又問應宮為所何如曰天風姤卦應在壬午宮在東南巽方宮人家也　又問歸魂入純互換宮取如何互換曰如占得純乾去看空逃亡人在西南坤方也又如兌卦往東北艮方尋艮卦往西方尋此互換宮方取

又問震巽離出外必無歸答曰震巽屬木離屬火皆非常之處者下文乾坤辰兌而不及震巽離者此也震蘆葦中或舟船中巽匠人處竹木處離窯治處古廟裡　世與內動在近應與

外動在遠用神出現以旺為方用神伏藏以生為方丑東北辰東南未西南戌西北　又斷應與用同應是兄弟本貫相識人家應是宮鬼有勾引人出去或官司去處應是父母投親戚家或入手藝人家應是妻財奴婢妓弟人家應是子孫在寺觀廟宇裡

占失物
陽鬼為男　陰鬼為女
鬼祟
若是伏藏　返對而取

占賊占祟以鬼陰陽為用占主女男看得何宮如占賊陽宮鬼出現主男鬼伏藏主女陰宮鬼出現主女鬼伏藏主男　占祟鬼無正形但以支干取之鬼動以單為少陽拆為少陰重為太陽交為太陰如分老少何人但看應爻見切

或問若是伏藏返對而取何謂返對答曰用返卦為顛倒也陽取陰陰取陽之義　又問返卦時何以知賊之巢曰但向鬼生方尋之問何以知鬼生方曰但看財爻伏子孫下如姤卦財伏子孫下在西北方僧道小兒處也　又問何以定獲賊之日曰看子孫旺日是也

占賊盜
若有兩爻　可別單拆
鬼有獨發　鄰中可測

卦有兩爻鬼者以單拆分取之六爻中一爻獨發亦可取父母為老子孫為幼兄弟為男妻財為女宮鬼橫惡占賊過犯人

或問若有兩爻可別單拆如何別之曰一卦兩爻鬼以單為陽人拆為陰人如俱為拆只是陰人鬼化鬼乃過犯人也　以應爻為主財為財鬼為鬼出現最急旁爻為次形財出現於五爻

之下不動可見　非鬼為賊獨發爻亦可取若有鬼為賊更取日干為主分辨老少　凡占六畜只以子孫為用父母動則休矣　凡失物專看財爻本相要旺相不空不動可見如財爻空了動了是出屋也更無氣決不可見　官鬼為賊子孫為捕捉兄弟為衆父母為衣服文書財為失物　如子孫旺相其賊必獲子孫無氣或空難獲鬼爻空決尋不見　六爻無鬼安靜非賊偷去乃自失也　財在内卦安靜旺相物不失必在家中内外俱有鬼偷與外人鬼剋世爻主驀然撞見賊賍鬼刑世主賊再來必有所損宜防之　財化鬼婦人為賊子化鬼小兒或出家偷盜鬼化鬼過犯人拿父化鬼掌文書或老人為盜兄化鬼相識昆仲為盜有多件

占鬼神　休囚為鬼　旺相為神

本象家親　他宮外人

六爻定體

公婆	父母	叔伯	兄弟	夫妻	小口
六爻	五爻	四爻	三爻	二爻	初爻
家親	口願	土神	門戶	土地	竈君
佛道	土神	半天	境神	家神	司命

五行鬼

金木橫死土時疫火勞血水落水

八純卦

艮五聖　震天神　巽木神　離火神
乾功德　坤家神　坎落水　兌口愿
五鄉獨發剋日剋世取之各有兩義
父母家先　子孫小兒　妻財婦婢
兄弟陽人　宮鬼橫惡　已上隨爻
或問本象家先他宮外人何也答曰本象鬼動是家親旁爻鬼動是外人假如乾卦壬午鬼動是家親大有卦已巳鬼動是外人問土鬼何也曰此乃當處靈驗之鬼俗謂之神者也旺相為神休囚為鬼動爻剋世剋日亦可取祟　易鄰云察禍推其鬼處還將身配六親相剋相生便見禍之端的

附六神

青龍　善惡　經文　醮祀　廟香　無氣帶刑自縊死
朱雀　花旛　口愿　符命　竈神　無氣帶刑勞死鬼
勾陳　天曹　勅土　無氣帶刑黃病路死鬼
螣蛇　夜夢　驚恐　上許下保福　無氣帶刑夜夢見鬼
白虎　金劉神　作犯白虎刀傷鬼　無氣帶刑刀傷鬼
元武　上真　北陰神　無氣帶刑落水陰鬼

凡祭賽有三如祀上帝即取藏爻中鬼神祇當用月建神堂家廟當用日辰皆要生合卦身不

宜刑冲亦不要動爻剋害刑冲如合生福利而吉若帶刑冲反招禍卦爻中鬼自化入墓必有不了再牽之患

占詞訟　舉訟興詞　要官有氣
若是被論　休囚却利

凡下狀論人官爻旺相出現必贏若占被論官爻休囚鬼爻持應世爻剋應子孫持世反得理吉　若代占人坐獄忌世下坐鬼鬼墓持世凶但鬼爻動變不可與人爭財動折理亦不可訟或問代人占坐獄忌世下坐鬼代占看應何故反看世也答曰此理最微人所不測宜於是有疑唯世下坐鬼便去冲應合應故主離脫汝若不信請以六十四卦取之　又問如何財動折理曰財為理財動便主理虧蓋財能傷文書文書既被傷安得有理　又問財化財如何曰雖有理而不勝　問官化官如何曰推移主有詐偽事在後　問父化父如何曰事重疊遲遲未決問子化子何如曰主干連小口　問兄化兄何如曰主對頭爭執　凡外有客鬼持世主必遭虧更有罪名父動剋世因勾惹之事世空自散宜和解應空詞訟後期程　凡世持鬼鬼動入墓卦中無財必在獄中死　凡卦爻變鬼刑冲家身世主徒流之罪　如金爻是鬼刑剋身世化死墓絕必主死罪官事不宜官鬼動動則看來生合冲剋世應以定彼此吉凶

占脫事散憂　脫事散憂　世動自消　子孫旺相　不成凶象

凡占脫事散憂要子孫旺相出現或子孫獨發世爻動亦自散忌應爻剋世鬼爻旺相獨發凶

或問世動自消不成凶象何也答曰只是世動我可脫如財動利乾貨之義　又問世動出官鬼如何曰世動只是進滯難脫主亦無事若占論何日出禁須要得日辰冲散六害方出如世爻持未得丑爻動或日辰是丑當是丑日出獄也身爻世爻被太歲冲生合有赦也　假令有人占推役興人要世空子孫獨發旺相又要官鬼空或官入墓絕應持鬼好若世坐官凶難脫破財官鬼動化出同　且如疑一人阻我事要占是他否專看應爻持財子父並安靜不是空亦然應是官鬼或化出兄弟是此人也

占疾病

凡占疾病　應藥世身
若坐墓鬼　病主昏沈

卦有三墓宮墓鬼墓以世為身忌生鬼爻本宮墓鬼得之者主自身合災暴病未可久病必死以應為藥忌坐鬼爻旺相凶本宮墓鬼得之主無藥服藥不效大怕申酉爻持世占病重大忌木爻獨發鬼爻旺相伏世下旺爻動剋世

或問卦有三墓何謂三墓答曰如天風姤卦旁爻丑持世乾宮屬金墓在丑此是宮墓如中孚卦世持辛未艮宮屬土以寅木為鬼木墓在未此是鬼墓如泰卦甲辰持世坤宮屬土以亥水為財水墓在辰此是財墓問何謂得之曰得之者世爻上逢之也世為我身也凡墓爻故主自身合災也暴病未可者墓滯也故未可久病必死者病久氣衰而又入墓豈得不死　又問何不言財墓曰財墓吉兆故以財言之若占婦人逢此須大忌　又問鬼爻旺相伏世下何也曰世為我身鬼伏世下是病隨我所以忌之　看鬼伏何爻下於金木水火土分辨之伏父母憂

心得或動土得或往修造處得鬼伏兄弟動失飢傷飽得或因口舌氣上得鬼伏子孫動因牽惹得或慾事太過得鬼伏財飲食得或買物件得官鬼出現驚恐怪異或寺觀廟宇中得土下伏土瘡腫火下火手足金見金悶亂木下木寒熱水下水冷疾金下火喘滿陽宮財動主吐陰宮財動主瀉鬼爻現外金鬼爻伏裡主心腹痛鬼在內動下受病鬼在外動上受病用爻同土動主瀉木動發寒金動四肢或滿悶火動發熱木主足金主頭土主胸腹火主手目水主耳腎飛伏俱旺相飛為起因以伏為受病又世為動爻在內下受病應為動爻在外上受病間爻動主胸膈病症　易鏡云且如長男受病宜純震之不搖小女染病則兑卦之不動大忌申酉持世木爻獨發者申為喪車酉為喪服木為棺槨耳

病忌官鬼

以財為祿　以鬼為祟

鬼爻旺相　獨發大忌

凡占婦人病喜子孫旺相持世安靜忌財伏鬼下兄弟持世兄弟獨發世剋應內剋外主吐應剋世外剋內主瀉

或問婦人病占喜子孫旺相世安何也答曰此即用財以子孫輔之義忌財伏鬼兄弟持世即用財伏兄之義　又問內剋外何故主吐曰內為腹外為口也外剋內主瀉

病忌父兄

主爻伏鬼　或伏兄弟

或伏父母　旺相大忌

亂動之卦只取主爻大抵休囚伏兄弟父母官鬼之下剋世者死蓋兄無食父母無藥官鬼直

病凡得八純遊魂卦病者决主沉重占小兒主死
或問主爻伏鬼伏兄伏父之下曰此即財伏兄財伏父母官伏兄之義舉一隅則三隅反矣
又問八純遊魂歸魂卦占病沉重占小兒主死何也曰此三卦世持父母官鬼兄弟或子孫伏
父母下占大人病重占小兒病死

以應為醫　以子為藥
鬼爻旺相　大忌獨發

占醫藥

夫卦之疾病以用為主以鬼為病　金鬼肺腑疾喘嗽氣急虛怯瘦瘠或瘡癤血光或筋骨病
木鬼四肢不遂肝胆主病右瘓左癱目眼歪斜　水鬼沉寒痼冷腰痛腎氣淋瀝遺精白濁
叶瀉　火鬼頭疼發熱心胸焦渴加朱雀狂言譫語陽症傷寒嘔逆　土鬼脾胃發脹黃腫虛
浮瘟疫時氣　凡占病必察用爻占父母必要父母有氣縱遇凶卦但主沉重不致喪亡若用
爻空亡及不上卦更逢凶殺决主不起用爻無氣若得旁爻動來生扶此同生旺决無咎也若
凶殺臨父母或父母空便可言雙親有病諸爻皆然鬼爻持世沈重絕日輕可鬼化鬼其病進
退或有變病或舊病再發或症候段雜　一卦二鬼亦然鬼爻持世病難除根鬼帶殺持世為瘵
病難脫體乃養老病矣　青龍臨用爻或福德爻其病雖重終可療青龍空亡卦無吉解病凶
白虎臨父母當損若值財上妻遭傷子孫際遇終成否兄弟逢之亦不昌更並官爻臨世上
自身須忌有災殃
金鬼不宜針木鬼不宜草木水鬼不宜湯飲湯洗之類火鬼不宜炙熨土鬼不宜服丸藥　金

鬼可炙木鬼藥方火鬼帶服寒劑水鬼宜服熱劑土鬼宜服木藥金鬼利南方水鬼利西方水鬼利土值火鬼利北方土鬼利東方求請醫者又丑鬼不可牛月未子孫當食羊　鬼爻在內病自內生鬼爻在外災自外至火鬼必在南方金鬼必在西方道路生災又為主胸金鬼則病在肺家逢火作膿見木生風遇蛇虛悶

占家宅

家宅吉占　專用財福

財旺子空　當無嗣續

卦之家宅專用財福上卦如無財福便是平常之宅無刑沖剋制有青龍臨德宅乃是大吉之家以內三爻為宗逢乾强盛遇坎則陷逢艮則止遇震則動逢巽則搖遇離則麗逢坤則靜遇兌則說若陽長則吉陰長則消　以印綬為堂屋妻財為廚竈子孫為廊廟官鬼為前廳合亦為門沖乃為路五為梁柱上為棟牆旺相為新休囚為舊青龍為左白虎為右朱雀論前玄武為後螣蛇論中　水爻有水木爻有木遇艮有山逢震有路父母為橋道墳墓子孫為寺觀廟宇官鬼旺則訟庭官族休囚則軍匠客墓妻財帶吉則富室豪門伏官則贅夫招壻之家逢吉生合身世則吉逢凶刑剋身世則凶　父母持世承祖居父母化財必出贅財爻空或動難享現成父母空或身動難招遺業

占人口

福應身世　為我後裔

兄動財空　斷不可繼

卦之人口陽多則男多陰多則女多以父母為家主以官鬼為丈夫以妻財為婦人以子孫為

小口以兄弟為同氣　財動傷尊父動子憂子動官傷官動兄弟愁苦兄弟獨發又為尅妻之兆　妻在內則住近卦有二財必主兄弟子在外則招遲爻屬水當主數一　卦無父母占人壽命弗延爻無妻財兄伯貧窮是准有子孫龍喜而無父母者其家有遊子白虎臨而出僧道巫覡有財而無官者錢財必耗散朱雀臨而習呼唱賭博有鬼無子多怪夢而絕嗣有鬼無財主疾病以多端父祖有官必逢祿馬貴人本身有藝定是親神全木

占　起造　　起造移屋　　財靜人安
　　遷移　　鬼發招禍　　遷動俱難

起造移屋要子孫財爻旺相出現持世忌官鬼父母妻子兄弟獨發凶父母為尊長兄弟為六親妻財為妻奴子孫為鬼女官鬼為凶殃以上獨發論之看尅何爻取之如占住屋居第二爻動住不久遠若脫屋求財利二爻動官在第二爻動必可脫也不動難得脫也

或問財靜人安財動便不安何也答曰蓋父母為宅財動便尅父母所以不安也　又問第二爻動住不久遠何也曰第二爻為宅宜靜不宜動也

附陽宅

鬼墓方為聖堂子墓方為牲畜財墓方為倉庫絕為廁兄墓得直方水生旺處為井應為屋鬼為廳福為廊財為房屋廚櫃兄為門身持兄得五事俱全不可空無空沖尅上等屋也內有一爻被沖尅主有損壞得空為妙　如爻在初爻一層屋二三爻濶遠四五爻樓濶遠上爻者深遠重疊屋也如他爻變出爻屋分兩處父空二地地變鬼或伏鬼下非公吏舍必是官房不然

有病人有此象當招口舌或招官司父在上未住在下現住凡卦身或空未住身併現住身值鬼屋下有伏屍將屋脫錢要財旺身衰喜父空要沖剋財合身為妙不喜化出財爻剋害為凶

內卦二爻為宅看動金動公事至木動風水惡土動生瘟氣水動傍河不吉火動於鬧路中口舌靜吉　外卦六爻看動兄動夫婦不圓父動上人多憂陰小六畜子動爻旺喜事重重官動災禍難言財動難為大人女人不正

占耕種

父衰財旺　收成有望
爻值福鄉　花利千倉

卦之耕種專要財福上卦最忌鬼值五位收成不利世剋應倉廩實外剋內倉廩虛又初爻為田鬼剋田瘦薄難值作二爻為種鬼剋主再種三爻為生長鬼剋主不茂四爻為秀實鬼旺多草費工夫五爻為收成鬼剋主不利已上惟土鬼剋不妨六爻為農夫鬼剋主有疾病　金鬼旱蝗火鬼大旱水鬼水災木鬼耗損一卦兩鬼兩家合種年豐必須官鬼空亡大抵財爻宜旺不宜落空則吉金財旺相早禾倍收土財旺相晚禾豐稔金土二爻雖不臨財但遇吉神亦准可論吉

占蠶桑

財旺福興　占蠶大吉
爻鬼交重　不賽終失

卦占蠶事先看定執鬼爻持世不吉有財有子為佳切鬼動當遠賽凡動則有損子孫木火大吉亥子濕死金土白福土乃半收安靜則吉發動不利

占畜養　旺財相福　牲畜有益
虎動鬼興　必防損失

卦之畜養須論定體端要財福上卦如無不利鬼持初爻雞鴨不吉官坐五爻牛馬難安參合六神論斷　諸爻最忌兄弟官鬼如鬼值上爻或曰五爻為主金鬼牛極瘦木鬼脚疼或腹風水鬼散火鬼觸熱土鬼發痒瘟黃　逢所屬本命爻臨財福無傷則吉且如兄鬼臨三爻本為不佳却有亥爻本命臨財福吉亦不為害餘仿此推

占漁獵　福興財旺　前程可望
財鬼虛臨　山枯海曠

卦之漁獵以世為主以財為物財子俱見旺相大吉財值四爻兔豕堪遇鬼臨六爻虎豹須防震棒巽弓離網艮犬剋財者宜用之若財爻值斷如巽雞艮豹震兔坎狐野豕兑羊乾虎離雉坤羊之類　内剋外内旺相世剋應得青龍臨財爻動不空亡物可得惡殺臨財旺相發動剋世主有獸傷凶

占墳墓　安墳立陵　福旺家興
鬼旺宜火　葬防後人

以鬼為屍要無氣父母為墳皆宜靜以財為祿以子為祀要旺相出現持世世為風水應為棺椁皆宜靜

或問旺相宜火之說曰鬼旺只是不利故宜火化不宜葬也陰宅先論墓地次論卦身要有財

福世應有氣相生為妙　夫葬時外亡內塚相剋吉不要官鬼旺已葬後內亡外塚相生鬼旺亡人安鬼為亡身為塚若定塚穴高低如卦身在初二爻葬在低處在三四爻葬在平處在五六爻葬在高處若地位方向以卦宮長生定之如坎宮地在北方坎水長生居申其穴宜在申上餘仿此　占葬年如身在卯酉年占卯數至酉戌七不七年或卯酉二七十四年或用月數如變爻沖卯爻必地既狹窄無氣同

占朝國　世應相得　君臣用心

六位無剋　萬國咸寧

世為帝王應為功臣本宮為都內外比和旺相天生聖主剛柔動靜有常地出奇材最宜吉神切忌大殺　金為兵戈忌動土為城壘宜安水為泛濫火為炎晴木爻風惡吉神為瑞震離坎兌為四方艮坤二卦為中土　五爻為至尊加吉神太歲仁慈之主也帶殺白虎暴虐之君也與吉神生合必親賢任能遠佞去奸　初爻安靜吉神持世或生世萬民悅服本象二爻為侍臣帶吉神在右必得賢人加凶殺者多奸邪便佞　四爻會吉神剋世生世必上忠君下安黎庶　子孫為儲君郡主宜旺相不空若大殺動刑沖剋恐有廢立之患子孫在初爻動剋三爻或世者士庶民有上書直言利害在二爻動必有才德舌辨之臣入朝上封事在三爻動有賢能諸侯謂門直諫在四爻動左右近臣必盡忠死諍也

占征戰　出兵交戰　鬼賊財糧

鬼旺彼勝　子旺我強

以鬼為彼賊以子為我軍子孫旺相必獲全勝出現宜先伏藏宜後內凡鬼爻旺相或是獨發或持世身大敗之兆若六爻安靜世旺剋應必勝　父母城池濠寨旌旗　子孫為兵將軍馬兄弟為轅門驚恐伏兵　官鬼為敵兵刀劍　世應空亡主和世空我軍弱應空彼兵退世爻被鬼沖剋我軍不利兄弟獨發凶　鬼去爻中兄弟化出官鬼來合世爻身主有奸人在軍中世下伏鬼亦然　凡變爻沖剋子孫主損名將沖剋財爻並財持世落空主糧受困刑剋父母主戰船城寨有失指揮號令大不宜沖剋官爻彼賊必敗　凡卦中動火刑父母剋父母必然火燒宮室火沖剋財主火焚糧草　又財為倉庫如近子近我軍近父近濠塞近鬼近賊所又父母塞位方如坤宮西南方也

占天時

若問天時　須詳內外
互換干合　方明定體

仰觀天象者干俯察地理者支先看內卦有合無合次看外卦定體甲己化土主陰雲丁壬化木生風乙庚化金作雨丙辛化水必雨戊癸化火主晴內外無合次明定體定體者看外卦取獨發論變乾日月星沙石霧震雷霆電巽風離晴坎雨艮陰兌甘澤

或問互換干合如何互換答曰甲日占得離卦甲己合則主陰雲也壬日占得兌卦丁壬作合木木世主生風此化氣也　若內外卦不與日干合看外卦以十干求之以日干落在何宮假如己未日占得大有卦日干落在離宮主晴己日占得既清則日干無所落便可斷陰雲矣

天道晴雨　每日之事　十干要精

壬癸動雨　丙丁管晴

庚辛雨後晴或次日便晴壬癸連雨難晴有風方止甲乙作雨不妨丙丁日月晴明戊已陰雲不定辰丑動雨未戌動晴　內動速主晝外動遲主夜

或問十干動陰晴如何看答曰如水火既濟巳亥持世便斷陰晴不定財為晴午夜財却伏在巳亥水下水旺則主雨火旺或支辰透出午則便斷晴但要機變取時言之配以六親百發百中若不精熟則不能通應矣　又問如何取時日曰假如乙日占震卦則過辰巳時方晴乙庚化金作雨却緣戌土財持世又庚辛雨後晴緣辰巳時天干見庚辛此雨個時不能雨止過辰巳時主午時方晴如丙日占震卦雖庚戌持世不能作雨緣日干丙字剋去庚不能生水也

又問辰丑動雨未戌動晴曰辰是水庫丑中有癸故此二字動值戊已不為陰雲而必陰雨未戌動晴者未中有丁戊是火庫故此二字動值戊已不為陰雲而化晴矣　又問內動主晝外動主夜曰內為陽外為陰晝夜之道也　又問未戌動晴而癸日占得坎宮地水師如何入雨曰未戌動晴以其中有丁火也今戊戌化癸亥癸字克了丁火日後又逢是癸併去傷了豈得不雨　又問癸亥日占得坎之蒙亦是癸之日如何却晴曰未戌動晴以其有火也今戊戌化丙子是戌之火已透出來日辰癸亥與上戌寅合住不能傷丙所以晴也　又問壬癸動雨要言剋日定時取驗何如曰如六月甲辰日占雨得乾之大壯當日申時雷雨驟至此壬癸剋日定時何以知之乾為天震為雷外卦震內卦乾豈得無雷第五爻壬申親爻動日值甲辰夜半生甲子晡時壬申土透出本宮動爻故應在申時也　又問丙申日名得乾卦壬戌持世如何

壬癸不得雨曰戊申有火透出丙字如何得雨　又問丁酉日占陰晴得坤卦此癸酉持世如何亦不得雨曰本主雨卻緣日辰丁酉貴人在酉故丁日見世爻五癸世在酉是敗財之丙癸水退讓於丁火豈得不晴　鬼動雨變出子孫晴應落空晴不久應剋世財晴父母生世雨又動剋子亦有雨　財為晴父為雨兄為風子為雲霧在冬為雪官鬼為雷冬春為雪夏為熱專看本象要旺持世本宮　要知何日雨曰父母長生日帝旺或值日便有雨何日雨止絕日空便止餘仿此　要知何日風假如兄屬寅為東北風亦要看當時日辰天干為繫外卦有動看變出者若是水爻出現便有雨

占射覆

覆射萬物　表裏各異

以財為體　以鬼為類

財為表鬼為裏財鬼出現表裏皆有有表無裏外實內虛有裏無表外虛內實財鬼俱藏輕虛之物

或問表裏名異何也答曰以財為表以鬼為裏有表裏皆有者有有裏無表者此所謂異也

又問方圓長短新舊如何定之曰陽卦主圓陰卦主方應旺主新應衰主舊世應被剋空虛世應相合圓物世應比和長物世應相生方物相刑剋尖物相剋沖損物

鬼值八卦

官鬼在兌乾金玉在震巽竹木在坤艮土石在坎魚綿水貨在離絲綿綃在坤離又為文書布帛專數之物

覆射物色

以官為物　為色為形
若居四土　可分重輕

以官為色出現正色伏藏旁色伏財能食伏子能用伏父能蓋載伏兄不中更以金木水火土分之動亦可取

或問以官為色出現正色伏藏旁色如何答曰即官鬼出現是男伏藏是女反對取之官鬼為正物隨五行取之應為表為皮毛世為裏為形狀陽為天主圓陰為地主方應在外主長應在內主短應旺相主新應休囚主舊　子孫為色財旺能食表受刑剋月破落空則無裡受刑克則無及表裏受刑剋月破日破不圓方受刑剋月破日破不方　子孫動物有足兄動有皮財動物可食父動物有生氣官動不中　五鄉一鄉不入亦可取物色　合則圓扶則長生則方剋則損刑則失　以內卦為地外卦為天　青龍論左白虎論右朱雀觀前元武看後勾陳世爻管中

覆射者須定服色事理

如金爻動在乾者內赤外白而方圓見火則軟逢水則堅有緣則聚實散則象錢若非金銀必是銅錢若乾象在外或世身俱值乾必具金銀首飾鈒釧旺相金銀休囚銅鐵團圓之象外實內虛福空物必空虛福不空其物堅實或內明等物又能鑑容若金爻動在兌宮剛柔曲折鉛金而澤柔也內光彩而見火外圓而象日旺為金銀刀鐵衰為雉羊通之器物應是接續缺日之物也

木爻動在震宮内白者鬼象外青朱純圓能壯能盛如蠶作繭如獸作聲隨時變易復死而生其色蒼蒼然青變赤隨時變上不侵天下不着地如非菓實即是魚筌魚筌為竹之器也若震象在外或身世值震即為鞍轡靴鞋竹木之物也若木爻動在巽宮聲如琴韻香氣氤氳謂乘風遠聽馨香象也形體如彩影似蜻蜓羽翼之象在上為飛在下繩索若巽象在外或身世在巽或為顏色絮麻綿線文書繩索之物也

水爻動在坎宮旺相乘風飄流轉蓬外黃而黑水入為坎隱土黑暗藏而不識乃為驢熊羆也若坎象在外或身世值坎麻豆魚鹽水中所生之物

火爻動在離宮先白後赤水土圓藏蓋火先見白烟後見赤焰也離為雉尾而赤色內柔外剛雕鏤五色中應之器也若離象在外或身世值離或顏色絮麻繩索錦緞布帛之物也

土爻動在坤宮坤本外黃內蒼工實內圓外方形如瓦礫復能軟若非玉器必是一囊旺相則堅休囚則軟非古器土具之物即袋也除此之類為馬半若坤象在外或身世值坤為五穀布帛衣被瓦瓮之物若土爻動在艮宮青山之形內虛外實遇合旺相則實無氣則虛物形團圓不動形如覆蓋春秋不改冬夏常存若飛白春則龜文也若艮象在外或身世在艮是衣被絮帛土器之物也

此乃究五行動爻身世之法定克應未來之理可研窮而推究不可謬意取用　六爻安靜先看世應有無生合刑沖剋害　又要觀發動之爻次究伏爻在何位之下後審卦身有無吉凶然後定休咎法曰彼來生合我者順也我去身合彼者逆也此為吉凶之源是故生生之謂易

通變之謂事也　以財為皮以鬼為正色若有財有鬼表裏俱備若空伏則輕虛之象有鬼無財則有裡有財無鬼則有表也旺相重大休囚輕小須以同類八卦詳之若生旺則生氣之物休囚則無氣之物也以類推之

占來情　　思慮未起　　鬼神莫知

不由乎我　　更由乎誰

夫易本無八卦只有乾坤本無乾坤只有太易太易者在天為日月在地為水火在人為耳目鍊其耳而耳自聰修其目而目自明易曰聖人以此洗心退藏於密

達人事　　先達人事　　後數卦爻

人事亨通　　卦爻自曉

真喜合宅母必門孕事　隔角剋青龍無氣動是已死鬼伏臨酉沖宅長本命主官非牢獄公事　元武臨門勾陳動是失脫事　世應合五爻水土動風水事　卦內剋鬼沖合生財犯刀砧六畜事　天財帶天火必占失火事　怪合見月鬼為驚恐怪異事　喪車臨怪動人口死不明事　鬼剋沖基為宅不安事　鬼剋沖基或合太歲為起造事　祿馬合月鬼動占謀望事　卦內驛馬旺剋門問出門事　遷移臨旺沖動問移居事　月鬼陰喜動為婦人妊怪事　世應和合祿馬帶財問代謀謀事　文書乘朱動五爻重隔角為代名告狀事　時鬼動沖人口問住宅不安事　來意俱不上卦憑變斷之重主過去交主未來

大抵求財問病官訟出行等事或占得乾卦屬金主四九日見又當合求旺相庫墓三六合六

合看四月相應九日相應的是四月見其發動餘皆仿此

五行生剋訣

假如木旺能剋土　若遇休囚火便生　旺相能生禍福　休囚受制不能行

五行類

金四九　木三八　水一六　火二七　土五十　酉四申九　寅三卯八　子一亥六　巳
二午七　辰戌午　丑未十

以日配用　四象誰勝

占姓字

若無象用　姓字何證

卦之剋字以日配用文兼內外互卦正化體象取勝為主然後合成字象
以上問此必是錢字不然則成劉字蓋錢有兩戈劉有監刀故也　再如甲乙日占賊姓得純
艮卦土文體見寅寅屬木木鬼配甲乙日亦屬木三體相兼為林字姓也他倣此　但以干配
姓以支配合以納音配字取象度量盡其妙理當慎思之

八卦類

乾為圓象為點為馬為金玉為言旁為頭
坎為雨頭為點水為水目為小弓旁為內實外虛屈曲之象
艮為橫畫為口手為門人為巳田為山水易旁上共下大上實下虛
震為木象為二七為竹木為立畫偏撥上大下共下虛上實

巽為廿頭為揵服為長舉為絞絲上長下短為下點
離為日旁外實内虚為中為戈為日為心為火
坤為横畫為土為方為木旁
兑為金為日為鈎為八字為巫為微細

天干類

甲為木為田為日為方圓為有脚為果頭
乙為草頭為反鈎為弓為曲
丙為火為丿乀上兴下尒
丁為　為鈎為丁為木出頭字
戊為土為戈為中開之類
己為桃土為半口為已頭為曲
庚為金為庚
辛為金旁為辛
壬為水為曲為壬字
癸為水為冰旁為雙頭

地支類

子為水旁為子為鼠

丑為土為丑為横畫為牛
寅為木為山為宗為寅字為虎
卯為木為安頭為卯字為兔
辰為土為艮字典為長意為龍
巳為火旁為巳字為屈曲為蛇
午為火為日為干字為不字為失字頭為馬
未為土為來字為多畫為木旁為羊
申為金為車旁為猴
酉為金為西旁為目旁為竪洞旁為雞
戌為土為戌為成字為犬
亥為水為絞絲頭為猪

五行類

水為點水為曲為一六數
火為火旁為上共下潤為二七數
木為木旁為步頭為竹頭為人十字象為三八數
金為金旁為合字為横畫為四九數
土為土旁為横畫為五十數

占法卦數

巳官　未父　酉兄　亥子　丑父　卯官

變卦離　一世　口飛龍在天利見大人　一　一應　口見龍在田利見大人　一

正卦乾　戌青父　申元兄　午白官　辰螣父　寅勾才　子朱子

假如乙丑年父辛巳月官丁酉日兄丁未時父占得乾之離卦

一占來情以心易數於有易卦我觸以干祿之機甚吉反施乾之九五飛龍在天利見大人而下兆有見龍在田統思卦象乾健化離出涕沱若戚嗟若黃離元吉復以六親法卦中多者取來情惟此印綬爻多即知來者占求官也

一占家宅卦中兩重父母及年與時兩重初夏占其土絕當知其屋舊象可存四重或二重房其三甲辰之屋在內却乃日旬空巳兼以君子終日乾乾夕惕若厲無咎離之九三日昃之離之父為鬼必此一重非言壞則火焚其上九壬戌之屋高值青龍修舊之星可住奈九二甲寅財動青龍修中有剋乾之上九亢龍有悔離之上九有嘉折首兼以鬼庫在戌雖有寅爻相合亦歲君丑刑戌此屋必因女人或財事破毀止有年時及化離丑未四屋零屋沖散復成之象否則弃其原而重整其屋且此土父為屋是前一代午火生來午火亦是前二代寅木生來寅木又是前三代子水生來子水却是前四代申金生來其申金乾化離卦申金受剋及其丑年為墓巳月火令為殺當知此代消散幸有化出巳未及占時丁未生扶易辭又吉後復無妨

一占祖爻屬火官四月占當主加四但火未盛比以本數二派為吉

一占父母屬土本卦二重年時二重本土數五蓋夏初占絕滅止二派半吉
一占夫妻寅木發動及由金兄弟爻動初夏木病金生主尅太數三當減二個吉
一占子爻甲子水初夏水絕主一個吉
一占孫爻屬本主三初夏雖盛將衰終減一數
一占龜宜才子父方此卦東比西比才子地吉雖同以兄弟爻論安靜吉隨才子爻利
一占六畜官鬼持世處不吉壬午鬼在四位其四爻以羊為論則當損羊其餘畜養宜財子方吉
一占官符壬午九四安靜兼合戌世為吉
一占火盗元武臨申兄弟刧財七月忌盗朱雀臨甲子福德火沈水底無事
一占墓墳隨用位而言九五壬申是父位之墳兄弟發動必主遷移若問父墳以干爻墓辰九三爻是乃知不高不低之所可以類推生世吉刑沖破害凶今辰戌巳亥沖尅父墳欠利
一占時下災福當以乾金為主見亥子水為子孫有生旺吉扶王親喜作樂逢王則見僧道遇乙午日為官鬼王容至龍凶殺主見惡人遇吉神則喜客至逢辰戌月日為印殺臨龍德喜神有文書交易何凶神主詞訟交爭逢申酉比肩之月日凶則失可口舌吉則朋友講言逢寅卯妻財吉則飲食宴樂凶則破傷印綬
一占大小限五歲行一爻初從世爻起陽順陰逆此卦世在上九五歲至世青龍尅世喜中小滞六歲至十歲行初九逢福德雖曰潛龍亦吉之兆十一歲至十五行九二甲寅雖云寅午戌

相合終是合中有剋世之嫌況其爻動命在須臾餘倣此
一占婚姻兄動剋妻財動傷翁不吉
一占形色内卦為心外卦為貌此卦占人頭大貌圓心事寬大若占子爻貌爻屬水貌水臨於朱雀其子必是貪酒多口舌之徒水之貌清秀朱雀則紅潤餘類推
一占求官易辭本吉甲寅財傷動爻壬申兄動有阻直待午火官辰土印綬年可求吉
一占蠶初為蠶種子孫臨剋九二財爻發動蠶苗大旺九三辰爻平平九四火官出巽火時火鬼旺不吉九五上臨比肩爻動劫財不利
一占疾病壬午火鬼正值九四爻火鬼主熱若占父母其九二木財發動必傷幸九五金一制其病可痊但牽連未脫餘類推
一占姓字水一火二木三金四土五隨時加減其占卦之日丁酉以金配火鬼酉四火二其名則六又為四為二之名以酉日合乾離火鬼重離卻成昌字若發動剋日剋世同鬼論之
一占求財九二財動求之必有九五比肩爻動阻而未得也買賣同此推之
一占出行財動本吉元武值乎比肩臨在道路主盜失財行人同忌
一占行人歸期本甲寅日或寅日到因兄弟動有阻遇句方來
一占怪異螣蛇臨於九日猪獺之怪主子孫不安財動主失財兄動反成驚恐
一占遷居財動兄發尊破妻剋
一占覆射財官兩見内外俱實乾離本圓其辰戌相沖則破春末夏初財鬼兩旺則銅錢之象

一占謁人世應比和本為大吉奈辰戌相沖財兄俱動送物不納反成虛驚
一占失走其卦世在上九走遠其世為方在戌地其應為所值父母在父母之家若占失財財動必出若占人走兄動不見
一占產育乾在內化離本易生奈兄鬼財動產難之兆
一占情雨未財動而風多壬水發而雨動只為乾化離不久當晴

易道逐心　出於混元

易道心性

大道逐性　出於神仙

易本逐心天地合體陰陽假神出於混元一得一失皆在日月盈虧一離一合皆從無而立有故易本逐心人靈神輔顯明在乎信吉凶在乎人

或問易道逐心何也答曰心要至虛至靈以誠信為主凡占卜存心道性不可一毫私念起於中取用爻象在乎果決不要狐疑妙處當以心會神領有不可言傳者也如此則神靈輔助隨吾取舍而用之自然靈驗矣故易道逐心　又曰麻衣六親各有所主以世應日月飛伏動靜曉此道理刻期而應復以剋合刑害墓旺空沖如此八宗與神奥通

邵堯夫詩曰

吉凶只在面前決　禍福無勞日後知
從此敢開天地口　老夫非是愛吟詩

32	命學探驪集	【民國】張巢雲	發前人所未發　稀見民初子平命理著作
33	澹園命談	【民國】高澹園	
34	算命一讀通——鴻福齊天	【民國】不空居士、覺先居士合纂	
35	子平玄理	【民國】施惕君	
36	星命風水秘傳百日通	心一堂編	
37	命理大四字金前定	題【晉】鬼谷子王詡	源自元代算命術
38	命理斷語義理源深	心一堂編	稀見清代批命斷語及活套
39－40	文武星案	【明】陸位	失傳四百年《張果星宗》姊妹篇　千多星盤命例　研究命學必備
相術類			
41	新相人學講義	【民國】楊叔和	失傳民初白話文相術書
42	手相學淺說	【民國】黃龍	民初中西結合手相學經典
43	大清相法	心一堂編	重現失傳經典相書
44	相法易知	心一堂編	
45	相法秘傳百日通	心一堂編	
堪輿類			
46	靈城精義箋	【清】沈竹礽	沈氏玄空遺珍　玄空風水必讀
47	地理辨正抉要	【清】沈竹礽	
48	《玄空古義四種通釋》《地理疑義答問》合刊	沈瓞民	
49	《沈氏玄空吹虀室雜存》《玄空捷訣》合刊	【民國】申聽禪	
50	漢鏡齋堪輿小識	【民國】查國珍、沈瓞民	失傳已久的無常派玄空經典
51	堪輿一覽	【清】孫竹田	
52	章仲山挨星秘訣（修定版）	【清】章仲山	章仲山無常派玄空珍秘　門內秘本首次公開　沈竹礽等大師尋覓一生未得之珍本！
53	臨穴指南	【清】章仲山	
54	章仲山宅案附無常派玄空秘要	心一堂編	
55	地理辨正補	【清】朱小鶴	玄空六派蘇州派代表作
56	陽宅覺元氏新書	【清】元祝垚	簡易・有效・神驗之玄空陽宅法
57	地學鐵骨秘　附　吳師青藏命理大易數	【民國】吳師青	釋玄空廣東派地學之秘
58－61	四秘全書十二種（清刻原本）	【清】尹一勺	玄空湘楚派經典本來面目　有別於錯誤極多的坊本

62	地理辨正補註 附 元空秘旨 天元五歌 玄空精髓 心法秘訣等數種合刊	【民國】胡仲言	貫通易理、巒頭、三元、三合、天星、中醫
63	地理辨正自解	【清】李思白	公開玄空家「分率尺、工部尺、量天尺」之秘
64	許氏地理辨正釋義	【民國】許錦灝	民國易學名家黃元炳力薦
65	地理辨正天玉經內傳要訣圖解	【清】程懷榮	秘訣一語道破，圖文并茂
66	謝氏地理書	【民國】謝復	玄空體用兼備、深入淺出
67	論山水元運易理斷驗、三元氣運說附紫白訣等五種合刊	【宋】吳景鸞等	失傳古本《玄空秘旨》《紫白訣》
68	星卦奧義圖訣	【清】施安仁	
69	三元地學秘傳	【清】何文源	
70	三元玄空挨星四十八局圖說	心一堂編	三元玄空門內秘笈 清鈔孤本 過去均為必須守秘不能公開秘密 與今天流行飛星法不同
71	三元挨星秘訣仙傳	心一堂編	
72	三元地理正傳	心一堂編	
73	三元天心正運	心一堂編	
74	元空紫白陽宅秘旨	心一堂編	
75	玄空挨星秘圖 附 堪輿指迷	心一堂編	
76	姚氏地理辨正圖說 附 地理九星并挨星真訣全圖 秘傳河圖精義等數種合刊	【清】姚文田等	
77	元空法鑑批點本——附 法鑑口授訣要、秘傳玄空三鑑奧義匯鈔 合刊	【清】曾懷玉等	蓮池心法 玄空六法 門內秘鈔本首次公開
78	元空法鑑心法	【清】曾懷玉等	
79	曾懷玉增批蔣徒傳天玉經補註【新修訂版原（彩）色本】	【清】項木林、曾懷玉	
80	地理學新義	【民國】俞仁宇撰	
81	地理辨正揭隱（足本） 附連城派秘鈔口訣	【民國】王邈達	揭開連城派風水之秘
82	趙連城傳地理秘訣附雪庵和尚字字金	【明】趙連城	
83	趙連城秘傳楊公地理真訣	【明】趙連城	
84	地理法門全書	仗溪子、芝罘子	巒頭風水，內容簡核、深入淺出
85	地理方外別傳	【清】熙齋上人	巒頭形勢、「望氣」「鑑神」
86	地理輯要	【清】余鵬	集地理經典之精要
87	地理秘珍	【清】錫九氏	巒頭、三合天星，圖文並茂
88	《羅經舉要》附《附三合天機秘訣》	【清】賈長吉	清鈔孤本羅經、三合訣法圖解
89－90	嚴陵張九儀增釋地理琢玉斧巒	【清】張九儀	清初三合風水名家張九儀經典清刻原本！

91	地學形勢摘要	心一堂編	形家秘鈔珍本
92	《平洋地理入門》《巒頭圖解》合刊	【清】盧崇台	平洋水法、形家秘本
93	《鑒水極玄經》《秘授水法》合刊	【唐】司馬頭陀、【清】鮑湘襟	千古之秘，不可妄傳匪人
94	平洋地理闡秘	心一堂編	雲間三元平洋形法秘鈔珍本
95	地經圖說	【清】余九皋	形勢理氣、精繪圖文
96	司馬頭陀地鉗	【唐】司馬頭陀	流傳極稀《地鉗》
97	欽天監地理醒世切要辨論	【清】欽天監	公開清代皇室御用風水真本
三式類			
98-99	大六壬尋源二種	【清】張純照	六壬入門、占課指南
100	六壬教科六壬鑰	【民國】蔣問天	由淺入深，首尾悉備
101	壬課總訣	心一堂編	過去術家不外傳的珍稀六壬術秘鈔本
102	六壬秘斷	心一堂編	
103	大六壬類闡	心一堂編	
104	六壬秘笈——韋千里占卜講義	【民國】韋千里	六壬入門必備
105	壬學述古	【民國】曹仁麟	依法占之，「無不神驗」
106	奇門揭要	心一堂編	集「法奇門」、「術奇門」精要
107	奇門行軍要略	【清】劉文瀾	條理清晰、簡明易用
108	奇門大宗直旨	劉毗	
109	奇門三奇干支神應	馮繼明	天下孤本　首次公開　虛白盧藏本《秘藏遁甲天機》　奇門不傳之秘　應驗如神
110	奇門仙機	題【漢】張子房	
111	奇門心法秘纂	題【漢】韓信（淮陰侯）	
112	奇門廬中闡秘	題【三國】諸葛武侯註	
選擇類			
113-114	儀度六壬選日要訣	【清】張九儀	清初三合風水名家張九儀擇日秘傳
115	天元選擇辨正	【清】一園主人	釋蔣大鴻天元選擇法
其他類			
116	述卜筮星相學	【民國】袁樹珊	民初二大命理家南袁北韋　南袁之術數經典
117-120	中國歷代卜人傳	【民國】袁樹珊	

占筮類			
121	卜易指南(二種)	【清】張孝宜	民國經典，補《增刪卜易》之不足
122	未來先知秘術——文王神課	【民國】張了凡	內容淺白、言簡意賅、條理分明
星命類			
123	人的運氣	汪季高(雙桐館主)	五六十年香港報章專欄結集！
124	命理尋源	【民國】徐樂吾	民國三大子平命理家徐樂吾必讀經典！
125	訂正滴天髓徵義		
126	滴天髓補註 附 子平一得		
127	窮通寶鑑評註 附 增補月談賦 四書子平		
128	古今名人命鑑		
129-130	紫微斗數捷覽(明刊孤本)[原(彩)色本] 附 點校本 (上)(下)	馮一、心一堂術數古籍整理編校小組 整理	明刊孤本 首次公開！
131	命學金聲	【民國】黃雲樵	民國名人八字、六壬奇門推命
132	命數叢譚	【民國】張雲溪	子平斗數共通、百多民國名人命例
133	定命錄	【民國】張一蟠	民國名人八十三命例詳細生平
134	《子平命術要訣》《知命篇》合刊	【民國】鄒文耀、【民國】胡仲言 撰	《子平命術要訣》科學命理；《知命篇》易理皇極、命理地理、奇門六壬互通
135	科學方式命理學	閻德潤博士	匯通八字、中醫、科學原理！
136	八字提要	韋千里	民國三大子平命理家韋千里必讀經典！
137	子平實驗錄	【民國】孟耐園	作者四十多年經驗 占卜奇靈 名震全國！
138	民國偉人星命錄	【民國】囂囂子	幾乎包括所民初總統及國務總理八字！
139	千里命鈔	韋千里	失傳民初三大命理家-韋千里 代表作
140	斗數命理新篇	張開卷	現代流行的「紫微斗數」內容及形式上深受本書影響
141	哲理電氣命數學——子平部	【民國】彭仕勛	命局按三等九級格局、不同術數互通借用
142	《人鑑——命理存驗·命理擷要》(原版足本)附《林庚白家傳》	【民國】林庚白	傳統子平學修正及革新、大量名人名例
143	《命學苑苑刊——新命》(第一集)附《名造評案》《名造類編》等	【民國】林庚白、張一蟠等撰	史上首個以「唯物史觀」來革新子平命學結集
相術類			
144	中西相人探原	【民國】袁樹珊	按人生百歲，所行部位，分類詳載
145	新相術	【美國】字拉克福原著、【民國】沈有乾編譯	通過觀察人的面相身形、色澤舉止等，得知性情、能力、習慣、優缺點等
146	骨相學	【民國】風萍生編著	結合醫學中生理及心理學，影響近代西、日、中相術深遠
147	人心觀破術 附運命與天稟	【日本】管原如庵、加藤孤雁原著，【民國】唐真如譯	觀破人心、運命與天稟的奧妙

148	《人相學之新研究》《看相偶述》合刊	盧毅安	集中外大成，無不奇驗；影響近代香港相術名著
149	冰鑑集	【民國】碧湖鷗客	各家相法精華、相術捷徑、圖文並茂附名人照片
150	《現代人相百面觀》《相人新法》合刊	【民國】吳道子輯	失傳民初相學經典二種　重現人間！
151	性相論	【民國】余晉龢	民初北平公安局專論相學與犯罪專著（犯罪學生物學派）
152	《相法講義》《相理秘旨》合刊	韋千里、孟瘦梅	命理學大家韋千里經典、傳統相術秘籍精華
153	《掌形哲學》附《世界名人掌形》《小傳》	【民國】余萍客	圖文并茂、附歐美名人掌形圖及生平簡介
154	觀察術	【民國】吳貴長	可補充傳統相術之不足
堪輿類			
155	羅經消納正宗	【明】沈昇撰、【明】史自成、丁孟章合纂	失傳四庫存目珍稀風水古籍
156	風水正原	【清】余天藻	●積德為求地之本，形家必讀！ ●純宗形家，與清代欽天監地理風水主張大致相同
157	安溪地話（風水正原二集）		
158	《蔣子挨星圖》附《玉鑰匙》	傳【清】蔣大鴻等	窺知無常派章仲山一脈真傳奧秘
159	樓宇寶鑑	吳師青	陽宅風水必讀、現代城市樓宇風水看法改革
160	《香港山脈形勢論》《如何應用日景羅經》合刊		香港風水山脈形勢專著
161	三元真諦稿本——讀地理辨正指南	【民國】王元極	被譽為蔣大鴻、章仲山後第一人 內容直接了當，盡揭三元玄空家之秘
162	三元陽宅萃篇		
163	王元極增批地理冰海　附批點原本地理冰海	【清】高守中　【民國】王元極	
164	地理辨正發微	【清】唐南雅	極之清楚明白，披肝露膽
165–167	增廣沈氏玄空學　附　仲山宅斷秘繪稿本三種、自得齋地理叢說稿鈔本（上）（中）（下）	【清】沈竹礽	玄空必讀經典！附《仲山宅斷》幾種鈔本及批點本，畫龍點睛、披肝露膽，道中刊印本未點破的秘訣
168–169	巒頭指迷（上）（下）	【清】尹貞夫原著、【民國】何廷珊增訂、批注	圖文并茂：龍、砂、穴、水、星辰九十九變 洩漏天機：蔣大鴻、賴布衣挨星秘訣及用法
170–171	三元地理真傳（兩種）（上）（下）	【清】趙文鳴	蔣大鴻嫡派真傳張仲馨一脈二十種家傳秘本、宅墓案例三十八圖，並附天星擇日
172	三元宅墓圖　附　家傳秘冊		
173	宅運撮要	【民國】尤惜陰（演本法師）、榮柏雲	撮三集《宅運新案》之精要
174	章仲山秘傳玄空斷驗筆記　附　章仲山斷宅圖註	【清】章仲山傳、【清】唐鷺亭纂	無常派玄空不外傳秘中秘！二宅實例有斷驗及改造內容
175	汪氏地理辨正發微　附　地理辨正真本	【清】蔣大鴻、姜垚原著、【清】汪云吾發微	蔣大鴻嫡派張仲馨一脈三元理、法、訣具體泄露 三百年來最佳《地理辦正》註解！石破天驚！
176	蔣大鴻家傳歸厚錄汪氏圖解	【清】蔣大鴻、【清】汪云吾圖解	
177	蔣大鴻嫡傳三元地理秘書十一種批注	【清】蔣大鴻原著、【清】汪云吾、【清】劉樂山註	

心一堂術數古籍珍本叢刊　第二輯書目

178	《星氣(卦)通義(蔣大鴻秘本四十八局圖并打劫法)》《天驚秘訣》合刊	題【清】蔣大鴻 著	江西興國真傳三元風水秘本
179	蔣大鴻嫡傳天心相宅秘訣全圖附陽宅指南等秘書五種	【清】蔣大鴻編訂、【清】汪云吾、劉樂山註	蔣大鴻徒張仲馨秘傳陽宅風水「教科書」！
180	家傳三元地理秘書十三種		真天宮之秘 千金不易之寶
181	章仲山門內秘傳《堪輿奇書》附《天心正運》	【清】章仲山傳、【清】華湛恩	直洩無常派章仲山玄空風水不傳之秘
182	《挨星金口訣》、《王元極增批補圖七十二葬法訂本》合刊	[民國]王元極	秘中秘——玄空挨星真訣公開！字字千金！
183-184	《家傳三元古今名墓圖集附謝氏水鉗》《蔣氏三元名墓圖集》合刊(上)(下)	(清)孫景堂，劉樂山，張稼夫	蔣大鴻嫡傳風水宅案、幕講師、蔣大鴻、姜垚等名家多個實例，破禁公開！
185-186	《山洋指迷》足本兩種 附《尋龍歌》(上)(下)	【明】周景一	風水巒頭形家必讀《山洋指迷》足本！
187-196	蔣大鴻嫡傳水龍經注解 附 虛白廬藏珍本水龍經四種(1-10)	【清】蔣大鴻編訂、【清】楊臥雲、汪云吾、劉樂山註	蔣大鴻嫡傳一脈授徒秘笈 希世之寶 千年以來，師師相授之秘旨，破禁公開！完整了解蔣氏嫡派真傳一脈三元理、法、訣！ 附已知最古《水龍經》鈔本等五種稀見《水龍經》
197	批注地理辨正直解		
198	《天元五歌闡義》附《元空秘旨》(清刻原本)	【清】章仲山	無常派玄空必讀經典未刪改本！
199	心眼指要(清刻原本)		
200	華氏天心正運	【清】華湛恩	
201-202	批注地理辨正再辨直解合編(上)(下)	【清】蔣大鴻原著、【清】姚銘三再註、【清】章仲山直解	失傳姚銘三玄空經典重現人間！名家：沈竹礽、王元極推薦！
203	章仲山注《玄機賦》《元空秘旨》附《口訣中秘訣》《因象求義》等九種合刊	【清】章仲山	近三百年來首次公開！ 章仲山無常派玄空秘密，和盤托出！
204	章仲山門內真傳《三元九運挨星篇》《運用篇》《挨星定局篇》《口訣篇》等合刊	【清】章仲山、柯遠峰等	章仲山注《玄機賦》及章仲山原傳之口訣及筆記
205	章仲山門內真傳《大玄空秘圖訣》《天驚訣》《飛星要訣》《九星斷略》《得益錄》等合刊	【清】章仲山、冬園子等	
206	撼龍經真義	吳師青註	近代香港名家吳師青必讀經典
207	章仲山嫡傳《翻卦挨星圖》《秘鈔元空秘旨》附《秘鈔天元五歌闡義》	【清】章仲山傳、【清】王介如輯撰	透露章仲山家傳玄空嫡傳學習次弟及關鍵不傳之秘
208	章仲山嫡傳秘鈔《秘圖》《節錄心眼指要》合刊		
209	《談氏三元地理大玄空實驗》附《談養吾秘稿奇門占驗》	【民國】談養吾撰	史上首次公開「無常派」下卦起星等挨星秘密之書
210	《談氏三元地理濟世淺言》附《打開一條生路》		了解談氏入世的易學卦德爻象思想
211-215	《地理辨正集註》附《六法金鎖秘》《巒頭指迷真詮》《作法雜綴》等(1-5)	【清】尋緣居士	集《地理辨正》一百零八家註解大成精華 匯巒頭及蔣氏、六法、無常、湘楚等秘本 史上最大篇幅的《地理辨正》註解
216	三元大玄空地理二宅實驗(足本修正版)	【民國】尤惜陰(演本法師)、榮柏雲撰	三元玄空無常派必讀經典足本修正版